WERKSTATTBÜCHER
FÜR BETRIEBSBEAMTE, KONSTRUKTEURE UND FACH-
ARBEITER. HERAUSGEBER DR.-ING. H. HAAKE VDI
HEFT 17

Modelltischlerei

Von

Richard Löwer
Frankfurt a. Main

Zweiter Teil

Beispiele von Modellen und Schablonen zum Formen

Zweite, verbesserte Auflage
(8. bis 13. Tausend)

Mit 179 Abbildung

Berlin
Verlag von Julius Springer
1939

Inhaltsverzeichnis.

ISBN-13: 978-3-642-98429-7 e-ISBN-13: 978-3-642-99243-8
DOI: 10.1007/978-3-642-99243-8

Vorwort.

Seit dem Erscheinen der ersten Auflage dieses Heftes ist auch im Modellbau eine gewisse Umgestaltung vor sich gegangen. Die beiden Normenblätter DIN 1511 Blatt 1 und 2 geben dem gesamten Modellbau neue Richtlinien in bezug auf den Modellaufbau, den Anstrich und die Beschriftung. Die Umformung der deutschen Wirtschaft wirkt sich auch auf den Modellbau aus, und es soll versucht werden, im Rahmen dieses Heftes der Neuorientierung im Modellbau Rechnung zu tragen, denn trotz der drei Modellgüteklassen kann man im Modellaufbau immer noch verschiedene Wege gehen. Gerade in Kritiken zeigt sich immer, daß wir zwei Arten von Modelltischlereien haben, und zwar einmal die Fabrikmodelltischlereien und dann die vielen privaten Betriebe. Daß sich nun ein Kleinbetrieb nicht so einrichten kann, wie etwa ein Betrieb der Großindustrie, führt schließlich dazu, daß gerade im Modellbau oftmals große Meinungsverschiedenheiten entstehen.

I. Beispiele von Modellen zum Formen.

1. Zugstange (Abb. 1···3). Das Modell setzt sich nach Abb. 2 zusammen aus dem durchgehenden Brett A, 35 mm stark und in der äußeren Form entsprechend den Maßen nach Abb. 1 zuzüglich Schwindmaß. Diese Fläche A dient als Modellbaufläche; auf bzw. an ihr werden befestigt: die beiden Teile B, 27,5 mm stark, die beiden Scheiben C, 120 mm Durchmesser und 5,5 mm dick einschließlich der Bearbeitungszugabe, ferner die beiden Scheiben D, 100 mm Durchmesser und 20,5 mm dick, ebenfalls mit Zugabe, und schließlich die Unterkastenkernmarken E und F, die Oberkastenkernmarken E_1 und F_1 und die Schlitzkernmarke G.

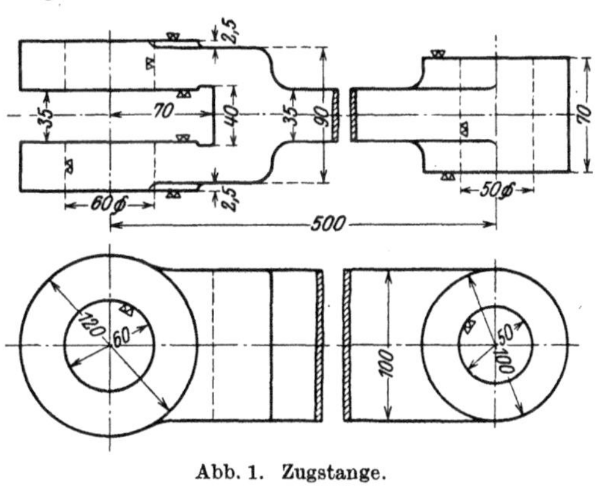

Abb. 1. Zugstange.

Da das Modell einteilig ist, die Kastentrennung sich also an der Oberkante der Modellaufbaufläche A bei H befindet, müssen die Modellscheiben und die Kernmarken der Formrichtung entsprechend verjüngt werden. Soweit die Gabel der Zugstange ausgeschnitten und bearbeitet ist, wird die Schlitzkernmarke G stramm aufgepaßt, verleimt und verschraubt. Auch diese Kernmarke ist nach dem Unterkasten zu seitlich gut verjüngt auszuführen.

Abb. 3 zeigt den Kernkasten zum Kern G. Dieser Kernkasten setzt sich zusammen aus dem Boden E und den aufgesetzten Leisten H und H_1, welche beide eine Höhe von 40 mm (gleich Kernmarkenhöhe) haben. Boden F hat die gleichen Maße wie der Boden E, ist aber zum Losnehmen mit Dübeln versehen.

Die beiden Scheiben J, 120 mm Durchmesser und 5,5 mm dick, haben ein Loch von etwa 50,5 mm Durchmesser, ebenso befindet sich im Boden F ein Loch von etwa 51 mm Durchmesser. Da der Kern F—F_1 (Abb. 2) beim Einsetzen in die

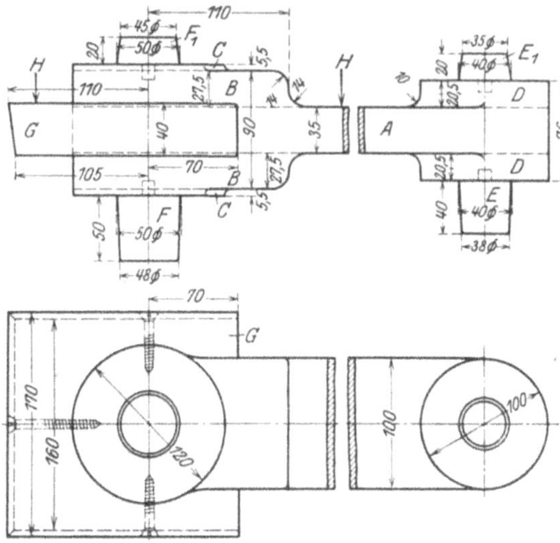

Abb. 2. Modellaufriß zu Abb. 1.

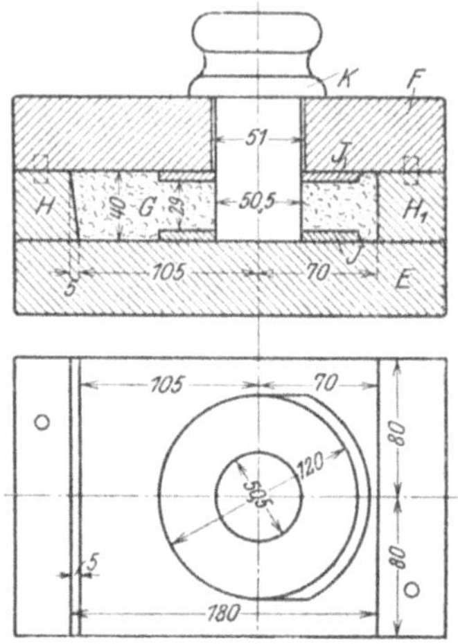

Abb. 3. Kernkasten zum Kern G (Abb. 2).

Form durch den Kern G hindurchgesteckt werden muß, hat dieser ein Loch von etwa 50,5 mm Durchmesser, denn der zylindrische Kern von 50 mm Durchmesser soll sich, ohne befeilt zu werden, einführen lassen. Um nun dieses Loch beim Aufstampfen gleich in dem Kern G anzubringen, muß im Kernkasten eine Kernmarke vorhanden sein. Der Stopfen K (Abb. 3) bildet die sogenannte Abzugskernmarke. Sobald also der Kern im Kernkasten aufgestampft ist, wird der Stopfen K herausgezogen. Aus diesem Grunde können auch die Außenmaße des Kernes G etwas kleiner sein, da ja dieser rechteckige Kern durch den runden Kern F_1—F (Abb. 2) geführt wird.

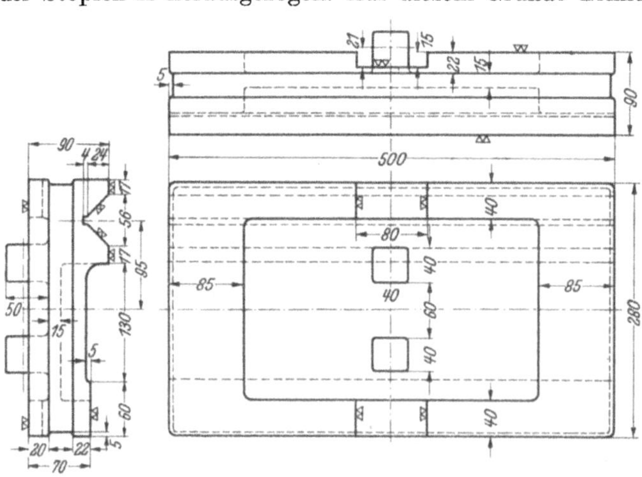

Abb. 4. Reitstockplatte.

2. Reitstockplatte (Abb. 4 ··· 6). In Abb. 5 finden wir den Modellaufriß, und zwar im Querschnitt und unter Berücksichtigung der Bearbeitungszugaben. Die beiden Vierkantnocken h bleiben am Modell lose und werden aufgedübelt. Sämtliche Teile sind der Formrichtung entsprechend abgeschrägt. Die Leisten e und f werden aus formtechnischen Gründen lose am Modell befestigt und damit sie sich nicht verstampfen, in die Leisten *c* und *d* eingefalzt. Die Übergangshohlkehle *i* und alle Anschlußhohlkehlen sind Lederhohlkehlen. Sämtliche aufgedübelten oder aufgeleimten Teile müssen verschraubt werden. Beim Einformen nimmt man die beiden Vierkantnocken *h* ab, legt das Modell mit der Seite *A* auf einen Aufstampfboden, setzt den Unterkasten auf und stampft ihn auf, wobei die Ansterköseen aus den Leisten *e* und *f* zu entfernen sind, weil diese Leisten beim Ausheben des Modells im Unterkasten sitzen bleiben

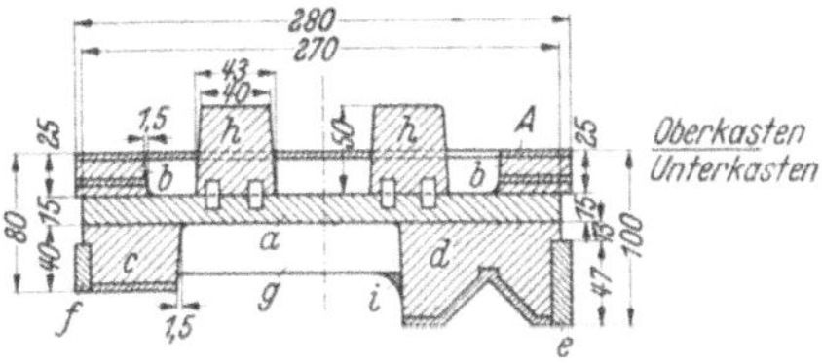

Abb. 5. Modellquerschnitt zu Abb. 4.

und erst, wenn das Modell aus dem Kasten entfernt ist, eingezogen werden. Ist der Unterkasten aufgestampft, so wendet man ihn, befestigt die beiden Nokken *h* am Modell und stampft dann den Oberkasten auf, wobei die jedem Modelltischler bekannten Einguß- und Steigtrichter zu setzen sind. Abb. 6 zeigt die

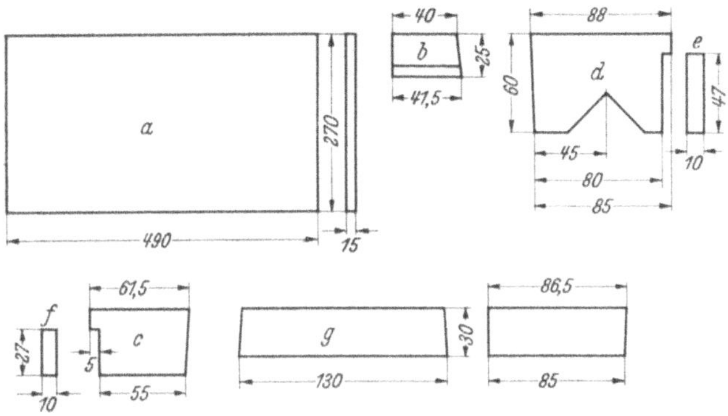

Abb. 6. Modelleinzelteile zu Abb. 4.

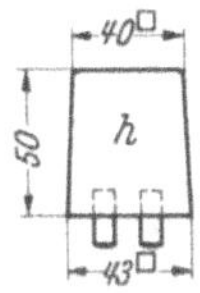

Modelleinzelteile, wie diese zum Modellaufbau nach Abb. 5 benötigt werden.

3. Reitstock (Abb. 7 ··· 17). Abb. 7 ist die Werkstattzeichnung und Abb. 8 der Modellaufriß zu einem Reitstock für eine Sonderdrehbank. Die Kerne *a* und *b* (Abb. 8) sind freitragend und müssen darum außerhalb der Form genügend Auflagefläche haben. Das Modell ist zweiteilig. In den Abb. 9 · · · 11 sind Modelleinzelteile gezeichnet, die Trennungslinien liegen bei *x*—*x*. An dem geteilten zylindrischen Modellteil *c* (Abb. 9) wird der schraffierte Teil *n* ausgeschnitten und der Teil *d* eingebaut. Es wird zuerst eine Modellhälfte zusammengebaut und dann auf dieser die andere Modellhälfte zusammengesetzt. Wie aus

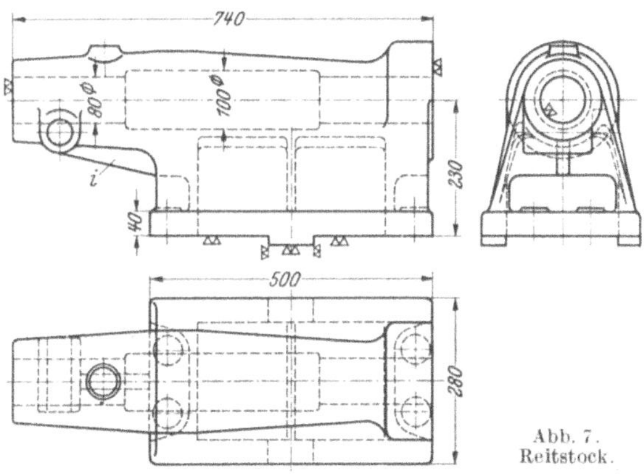

Abb. 7. Reitstock.

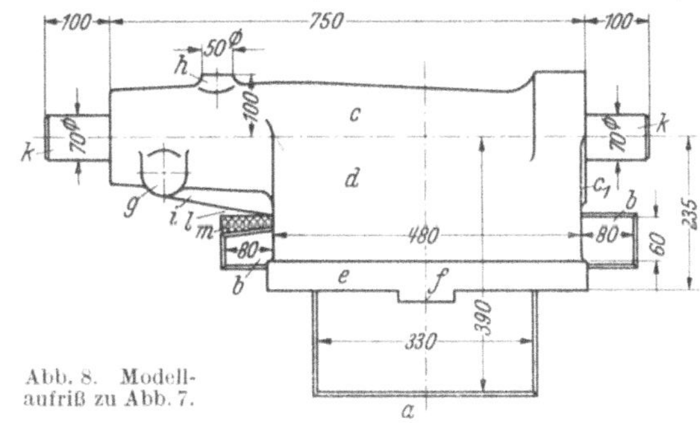

Abb. 8. Modellaufriß zu Abb. 7.

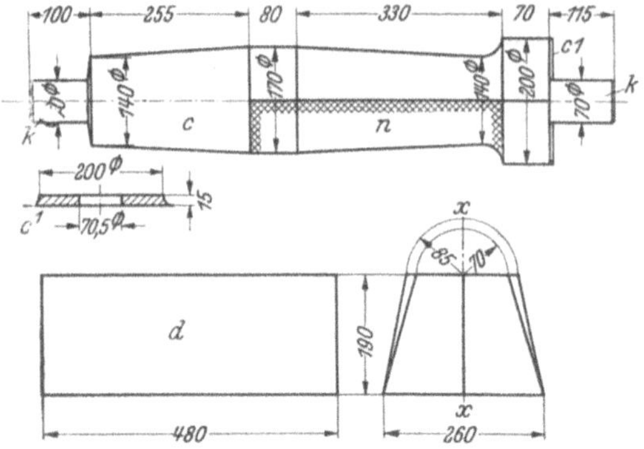

Abb. 9. Einzelteile des Modellhauptkörpers.

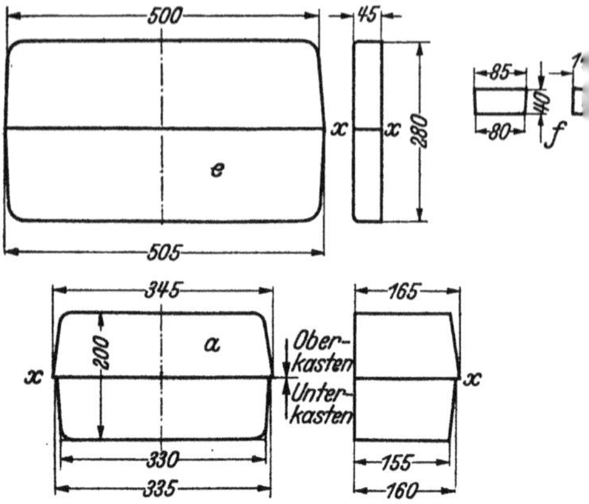

Abb. 10. Kernmarken und Führungsleisten.

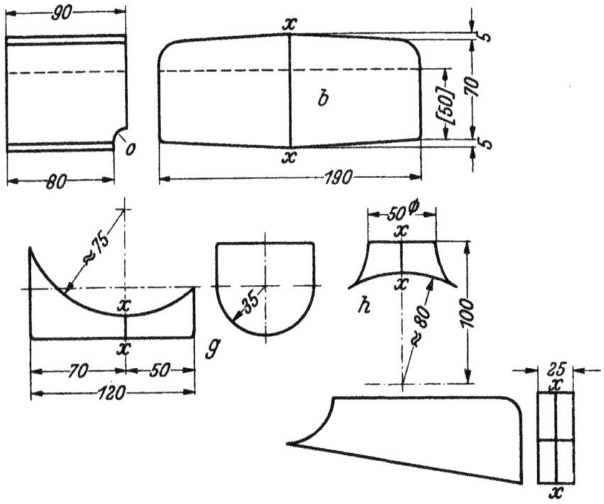

Abb. 11. Modelleinzelteile.

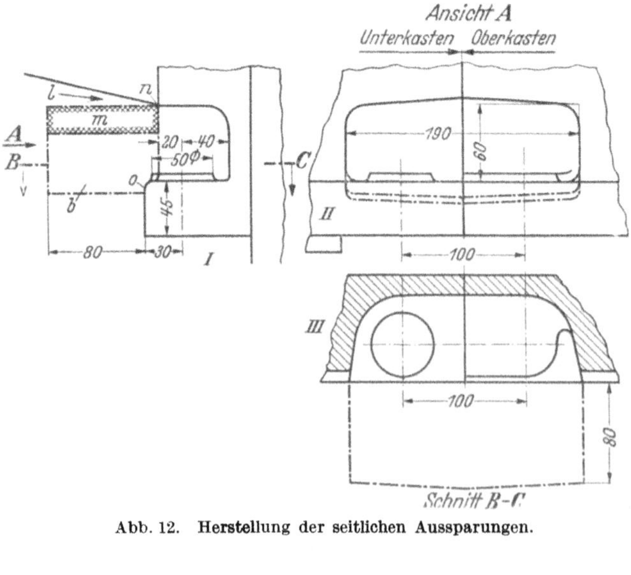

Abb. 12. Herstellung der seitlichen Aussparungen.

Abb. 7 ersichtlich ist, läuft die Nockenrippe *i* an der oberen Kante der Aussparung aus. Wollte man nun an dieser Stelle die Kernmarke *b* (Abb. 8) genau so hoch führen wie auf der gegenüberliegenden Seite, so würde in der Form bei *l* der Sand nicht stehen bleiben. Die linke Kernmarke *b* muß also an dieser Stelle, wie schraffiert gezeichnet, um etwa 20 mm niedriger sein, wie auch Abb. 11 punktiert (Klammermaß) angibt. Der abgeschnittene Teil *m* der linken Kernmarke *b* wird dann später im Kernkasten (Abb. 15 bei *m*) als Einlage benutzt. Sämtliche Modelleinzelteile (Abb. 9 bis 11) sind der Formrichtung entsprechend abzuschrägen.

Wie aus der Werkstattzeichnung Abb. 7 ersichtlich ist, sitzen in den seitlichen Aussparungen des Gußstückes je zwei Scheiben als Warzen für die Befestigungsschrauben. In Abb. 12 *I* sehen wir den Schnitt durch diese Aussparungen, in Abb. 12 *II* die Ansicht in der Pfeilrichtung *A* und in Abb. 12 *III* sehen wir links eine Scheibe und rechts eine Fläche gezeichnet. Hier liegt insofern ein konstruktiver Fehler vor, als der Konstrukteur anstatt der Flächen Scheiben vorgesehen

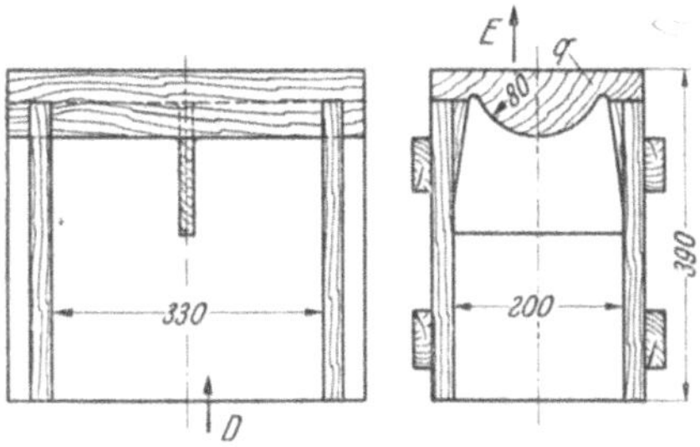

Abb. 13. Kernkasten zum Kern *a*.

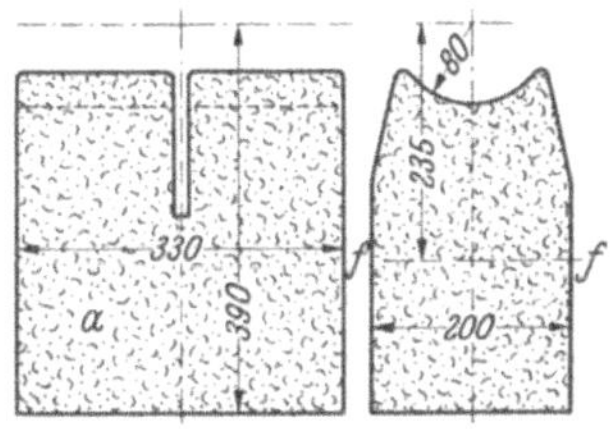

Abb. 14. Aufgestampfter Kern *a*.

hat. Da der Raum dahinter schlecht zu putzen ist, entsteht hier eine unsaubere Stelle und darum hat der Modellbauer Flächen anstatt Scheiben angebracht.

Bei *n* (Abb. 12) entsteht am Gußstück eine scharfe Kante, die bei den Abgüssen weggearbeitet werden muß. Man könnte wohl auf der rechten Seite des Reitstockes den Kern *b* um den erwünschten Abrundungshalbmesser höher führen, etwa wie bei der unteren Abrundung *o* (Abb. 11 u. 12), links hingegen ist es aus formtechnischen Gründen nicht gut möglich, weil sonst ein Teil der Nockenrippe *i* in den Kernkasten eingelegt werden müßte und weil wieder aus formtechnischen Gründen, wie schon erwähnt, die Kernmarke um *m* abgesetzt werden muß. Man müßte also schon zwei Kernkästen anfertigen. Abb. 13 zeigt im Schnitt den Kernkasten zu dem Hauptkern *a* (Abb. 8 und 14). Dieser Kernkasten wird in der Pfeilrichtung *D* beigestampft. Bevor er auseinandergenommen wird, muß der obere halbrunde Einsatz *q* in der Pfeilrichtung *E* abgezogen werden. Abb. 15 zeigt den Kernkasten für die Aussparungskerne *b*. Dieser Kern wird einmal mit und einmal ohne die Einlage *m* benötigt. Abb. 16 ist das Lehrenbrett, mit welchem der Bohrungskern auf der Kerndrehbank hergestellt wird, und schließlich Abb. 17 die Ansicht auf den Unterkasten der Form, mit den eingelegten Kernen.

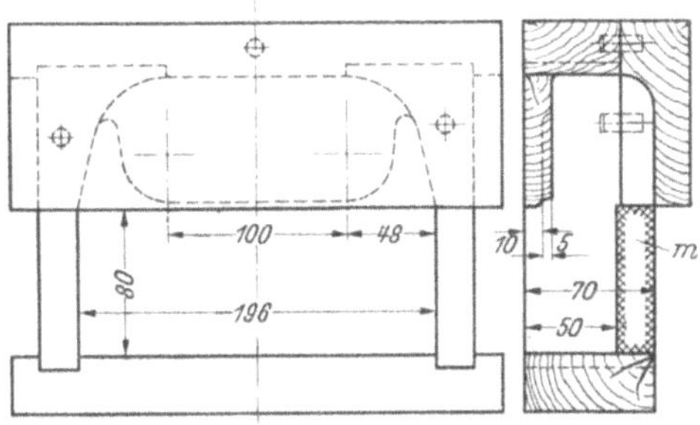

Abb. 15. Kernkasten zum Kern *b*.

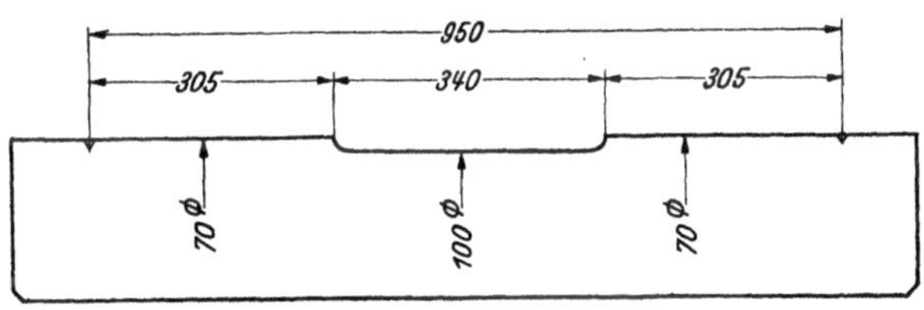

Abb. 16. Lehrenbrett zum Bohrungskern.

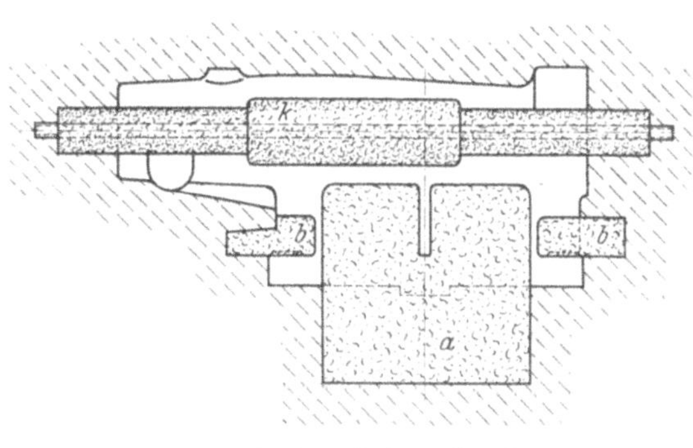

Abb. 17. Unterkasten mit eingelegten Kernen.

4. Riemenscheibenmodelle. Glatte Riemenscheiben werden in den meisten Fällen auf Riemenscheiben-Formmaschinen[1] hergestellt und nur in den seltensten Fällen noch von Hand geformt. Maschinengeformte Riemenscheiben sind bekanntlich nicht nur leichter, sondern auch sauberer. — Außer den gewöhnlichen Riemenscheiben findet man im Maschinenbau noch Stufenscheiben, Riemenscheiben mit geschweiften Armen und kegelige Riemenscheiben.

a) Stufenscheiben (Abb. 18···20). In Abb. 18 ist die Werkstattzeichnung und in Abb. 19 der Modellaufriß und der Modellaufbau ersichtlich. An Bearbeitungszugabe genü-

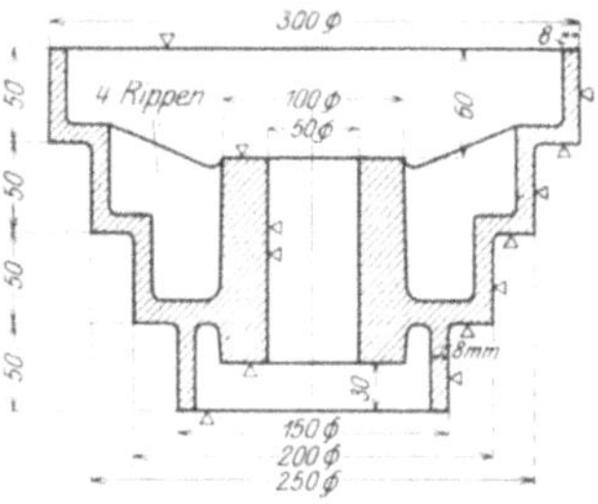

Abb. 18. Stufenscheibe.

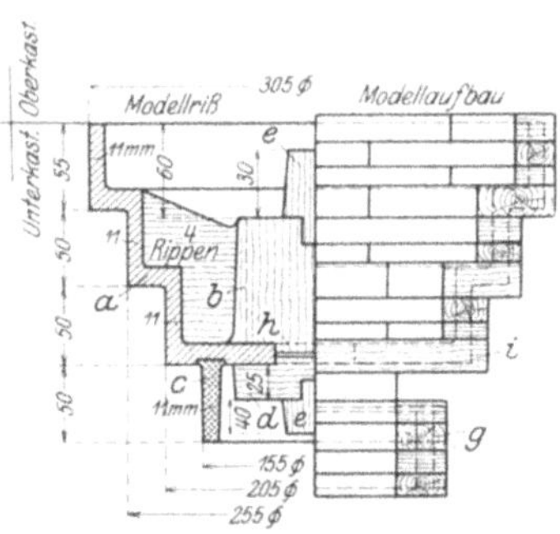

Abb. 19. Modellaufriß und Modellaufbau.

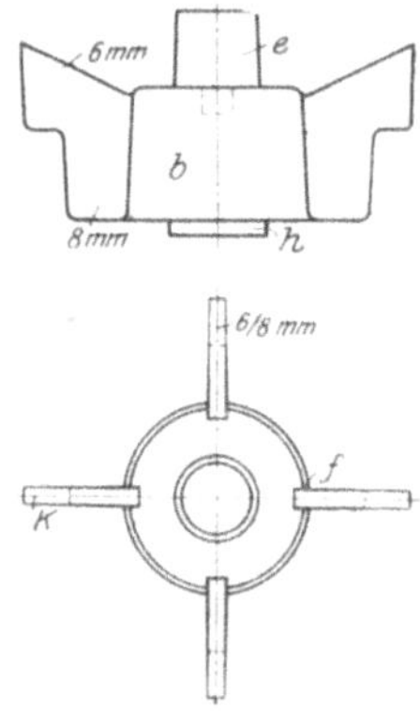

Abb. 20. Lose Nabe mit Rippen.

gen bei Riemenscheiben 5 mm im Durchmesser. Für ein derartiges Modell kann nur Modellgüteklasse 1 oder 2 in Frage kommen und als Modellgüteklasse 1 nur ein Leichtmetallmodell. Für Modellgüteklasse 2 nehme man astreines, trockenes Erlenholz oder ein gutes Hartholz, jedoch niemals Buchenholz, selbst wenn es gedämpft sein sollte. Buche ist für den Modellbau das ungeeignetste Holz, da es sich sehr leicht wirft.

Die Nabe *b* (Abb. 20) mit der eingesetzten Kernmarke *e* und den vier eingesetzten Rippen *k* sitzt im Modell lose, da sie nachträglich aus der Form herausgenommen wird. Man läßt an Riemenscheiben die Naben und Kernmarken immer lose, damit man sie jederzeit leicht auswechseln kann. Der Zapfen *h* dient der Nabe als Führung. Man muß die Nabe mit den Rippen leichtgehend in den Modellkörper einpassen, damit beim Abheben des Oberkastens die Form nicht beschädigt wird. Das Modell wird nach Abb. 19 rechts aufgebaut. Auf den runden Boden *i* werden die einzelnen Ringe (nach Heft 14, Abb. 59) aufgeleimt, jeder einzelne aus sechs Segmenten zusammengesetzt. Die Stärke der einzelnen Ringe soll man bei Riemenscheiben nicht zu hoch wählen. Ring *c* wird aus modelltechnischen Gründen besonders verleimt (*g*) und gedreht und später in den hierfür im Modellteil *a* eingedrehten Falz eingeleimt. Wie der Modellaufriß zeigt, wird das Modell der Formrichtung entsprechend verjüngt ausgeführt. Abb. 20 zeigt die in dem Oberkasten mitgehende lose Nabe, bei welcher die vier Rippen *k*, wie im Grundriß bei *f* ersichtlich, in den Nabenteil *b* eingeleimt werden. Auch die Rippen *k* laufen von 8 mm auf 6 mm verjüngt zu. Die Kernmarken *e* haben einen Durchmesser von 37/40 mm, was der üblichen Bearbeitungszugabe für Bohrungen entspricht.

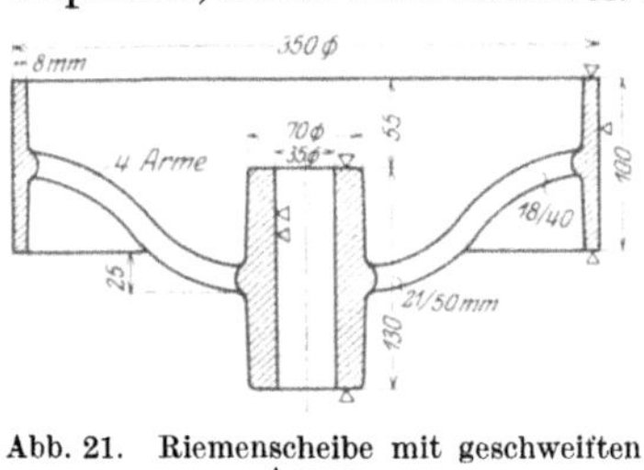

Abb. 21. Riemenscheibe mit geschweiften Armen.

b) Riemenscheiben mit geschweiften Armen (Abb. 21···23) erfordern

[1] Vgl. W.-B. Heft 66: *Lohse*, Maschinenformerei.

sehr gut verleimte Modelle. Falls laufend Abgüsse benötigt werden, empfiehlt es sich auch hier, ein Leichtmetallmodell anzufertigen. Es ist von Wichtigkeit, daß der Konstrukteur die tiefste Ausladung der Arme sowie die Stichpunkte der Krümmungshalbmesser genau festgelegt, damit dem Modellbauer die Schweifung der Arme genau gegeben ist und danach die für den Dreher benötigten Schablonen angefertigt werden können. Der Aufbau derartiger Riemenscheibenmodelle ist ziemlich der gleiche wie in Abb. 19. Als Grund- oder Aufbaufläche dient der Boden *a*, und auf diesem sind Ringe, bestehend aus vier oder sechs Segmenten (je nach dem Durchmesser des Modells), aufgeleimt. Scheibe *a* dient

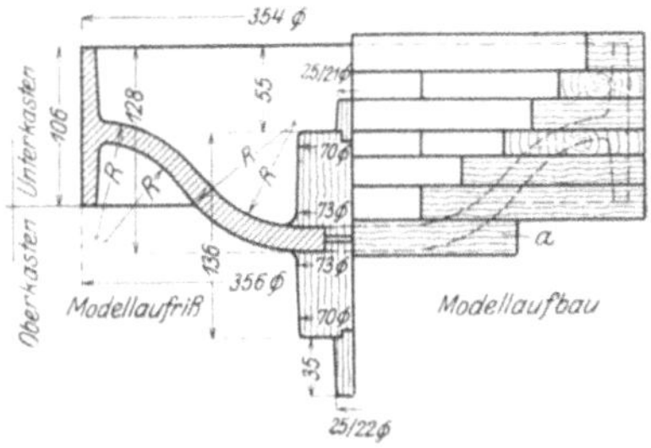

Abb. 22. Modellaufriß und Modellaufbau.

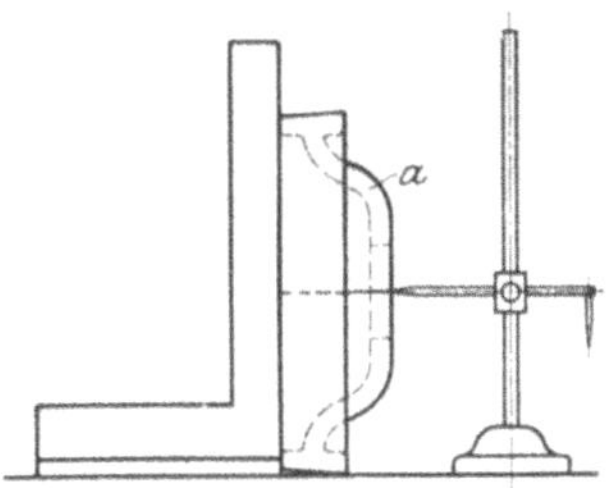

Abb. 23. Anreißen der Armmitten auf den Modellkörper.

auch zum Einspannen für das Bearbeiten des runden Modellkörpers auf der Holzdrehbank. Der äußere Scheibenkranz, die Naben und Kernmarken, sind entsprechend der Ausheberichtung des Modells aus der Form angemessen zu verjüngen. Das Anzeichnen der Armmitten geschieht am besten nach Abb. 23, indem man die gedrehte Scheibe auf der Anreißplatte an einen Winkel spannt und mit einem Parallelreißer auf der geschweiften Fläche die Armmittellinien anreißt. Von diesen Mittellinien aus muß nun der Modellbauer die Arme, entsprechend den eingeschriebenen Maßen, anzeichnen. Das zwischen den Armen verbleibende Holz wird mit der Dekupier-, Loch- oder Schweifsäge herausgeschnitten, und dann werden die Arme auf die angegebenen Querschnitte herunter bearbeitet. Die Teilung der Form zeigt Abb. 22 links, jedoch muß der Former den Einguß im Unterkasten zwischen den geschweiften Armen anbringen.

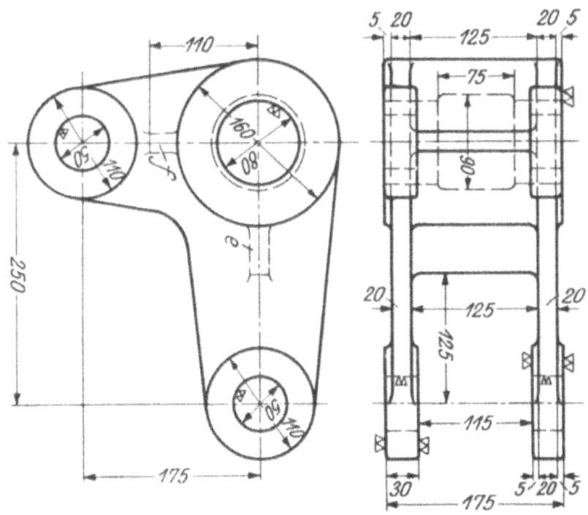

Abb. 24. Doppelhebel.

5. Doppelhebel (Abb. 24···27). Ob das Doppelhebelmodell Abb. 24 zwei- oder dreiteilig geformt werden soll, darüber hat die Gießerei zu entscheiden. Abb. 25 zeigt das Modell zum Dreiteiligformen. Wie die Abbildung erkennen läßt, hebt sich die obere Modellhälfte mit dem Oberkasten ab und kann nach dem Wenden des Kastens entfernt werden, alsdann wird der mittlere Kasten abgehoben und der untere Modellteil aus dem Unterkasten entfernt. Dem Former bringt das Dreiteiligformen wohl immer etwas Mehrarbeit, andererseits aber werden bei diesem

Formverfahren auch wieder Modellbauer- und Kernmacherlöhne gespart, was bei der Kostenaufstellung berücksichtigt werden muß. Bevor man jedoch ein Modell zum Dreiteiligformen baut, soll man sich immer erst mit der Gießerei in Verbindung setzen.

Abb. 26 gibt die Einzelteile des Modells wieder. Nabe d besitzt eine angedrehte Hohlkehle auf der einen und einen eingedrehten Falz zur Aufnahme und als Führung der Scheibe c_1 auf der anderen Seite. Die Rippen e und f müssen aus

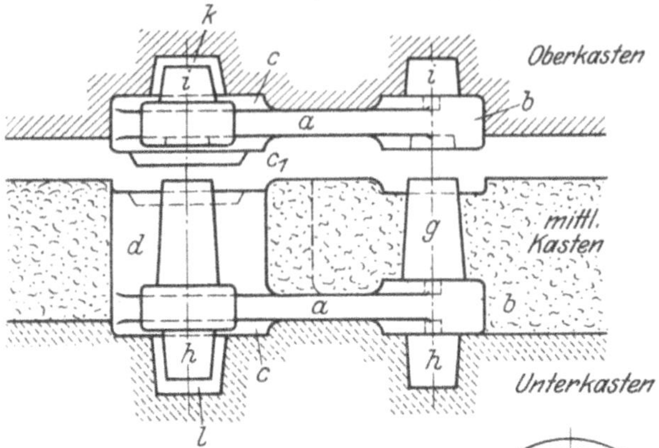

Abb. 25. Eingeformtes Modell.

formtechnischen Gründen in der angegebenen Pfeilrichtung verjüngt zulaufen. Die beiden Kernmarken g dienen zur Herstellung der beiden Löcher zum Durchführen der Kerne h und i im mittleren Formkasten. Die Teile h, i, k und l sind Ober- bzw. Unterkastenkernmarken und

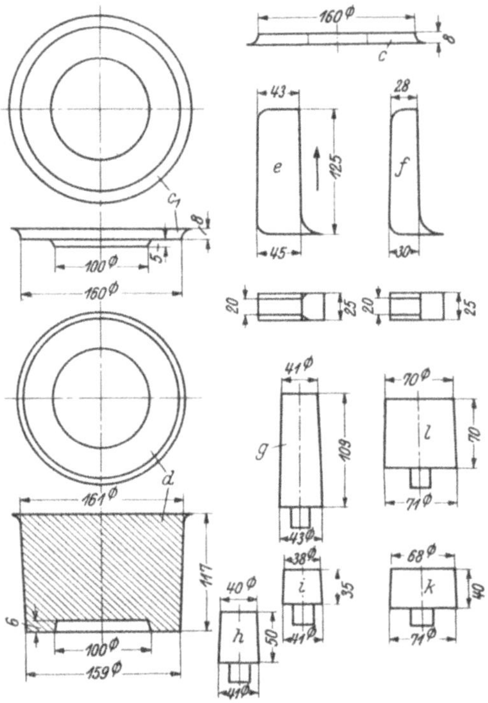

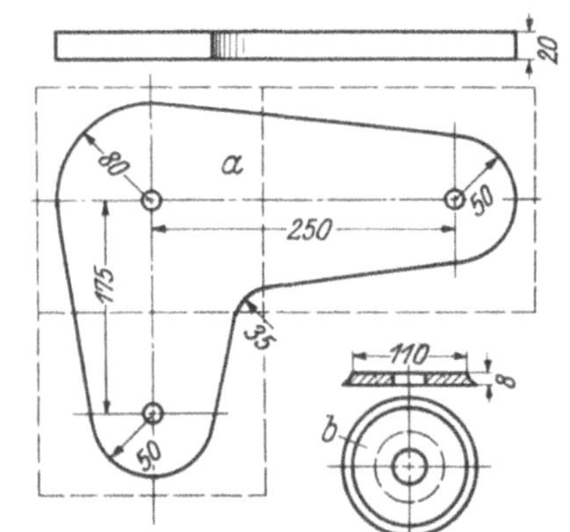

Abb. 26. Einzelteile zum Modell.

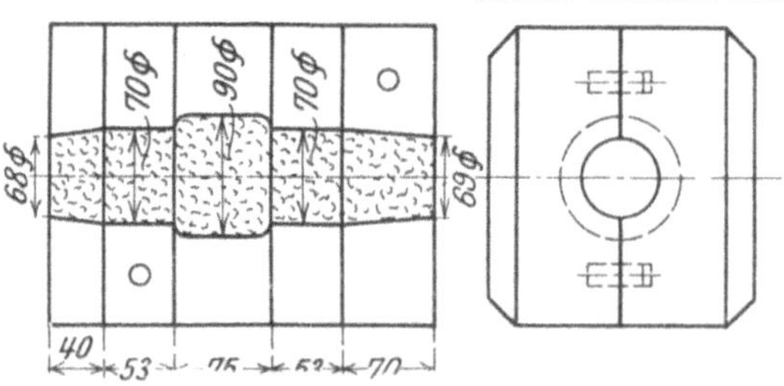

Abb. 27. Kernkasten zum Kern k—l.

mit Befestigungszapfen versehen. In Abb. 27 ist der Aufbau des zweiteiligen Kernkastens zum abgesetzten Kern k—l dargestellt.

6. Ventilsitz (Abb. 28···31). Abb. 28 links stellt die Werkstattzeichnung dar, während rechts der Modellaufriß angegeben ist. Das Modell muß zum Drei-

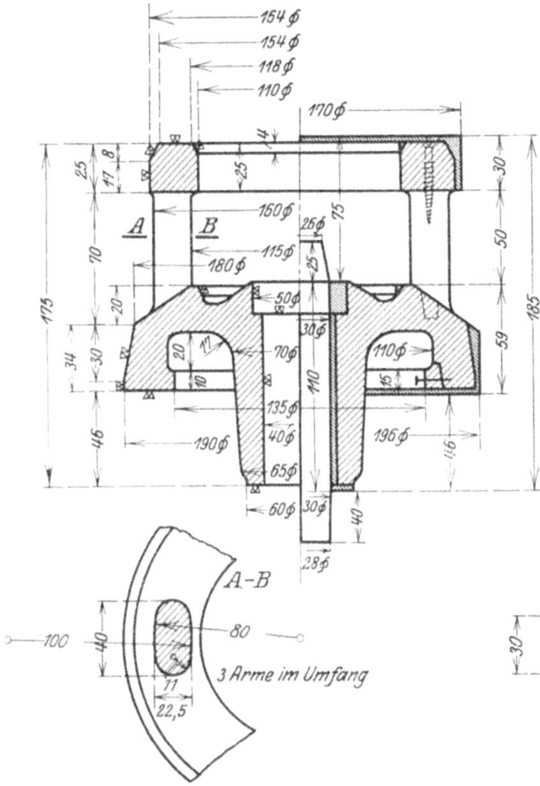

Abb. 28. Ventilsitz (Werkstattzeichnung und Modellaufriß).

teiligformen eingerichtet werden. Den Modellaufbau zeigt Abb. 29: *I* ist der obere Ring, aus drei Stärken zu je sechs Segmenten verleimt und entsprechend verjüngt gedreht; *II* sind drei Stege mit ovalem Querschnitt (vgl. Abb. 28), welche sich stumpf an den oberen Ring setzen und mit diesem durch Leimen und Schrauben fest verbunden werden. Der untere Ring *III* wird zusammengesetzt aus der runden Scheibe *1* und den drei Ringen *2*, *3* und *4*, jeder aus sechs Segmenten bestehend, die versetzt aufeinander geleimt werden. Es ist zu empfehlen, den losen Ring x aus Leichtmetall anzufertigen, d. h. zunächst ein Muttermodell mit doppeltem Schwindmaß und doppelter Bearbeitungszugabe herzustellen und danach den Leichtmetallring zu gießen, denselben zu bearbeiten und dann in einzelne Teile zu zerlegen, um ihn aus der Form seitlich herausziehen zu können. Die Nabe *IV* wird aus Langholz hergestellt und in den Modellteil *III* eingefalzt und festgeschraubt. Das Einleimen der Nabe empfiehlt sich auch hier nicht, damit sie jederzeit ausgewechselt werden kann. Die Kernmarke *V* dient dem Bohrungskern als Führung im mittleren Kasten. Abb. 30 zeigt das eingeformte Modell. Nach Abb. 29 ist es nicht leicht, die drei Stege (*II*) auf die schräge Fläche des gedrehten Teiles *III* aufzusetzen, zudem jeder Teil gedübelt werden

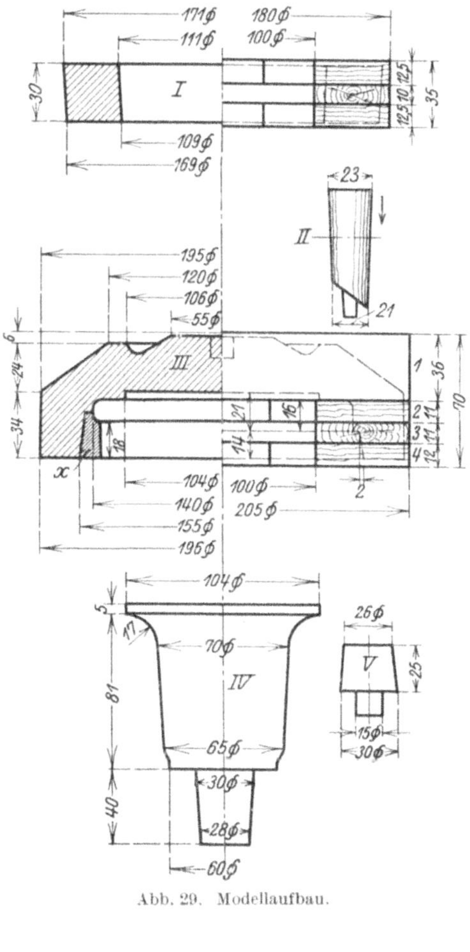

Abb. 29. Modellaufbau.

muß. Ist eine gute Bohrmaschine vorhanden, so arbeitet man nach Abb. 31. Nachdem der Modellring *III* innen fertig gedreht ist, wird er auf der Drehbank umgespannt und außen bearbeitet, wie bei *a* punktiert gezeichnet. Nun läßt man auf der Holzdrehbank den Stichkreis *e* anlaufen, zeichnet die Lochmitten *c* an und bohrt auf der Bohrmaschine oder, wenn eine solche nicht vorhanden sein sollte, mit der Hand die sechs Löcher *c* (für

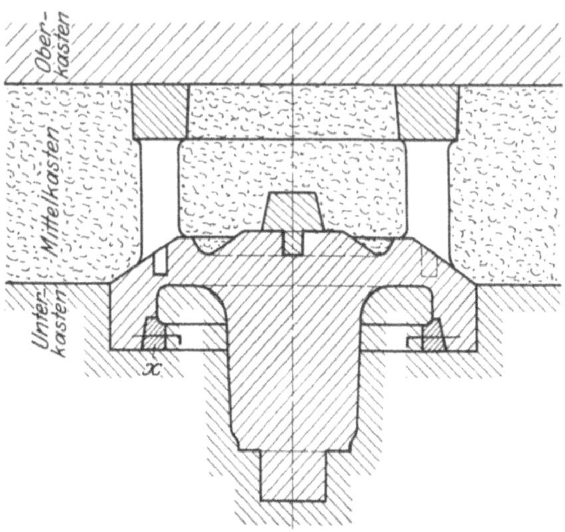

Abb. 30. Eingeformtes Modell.

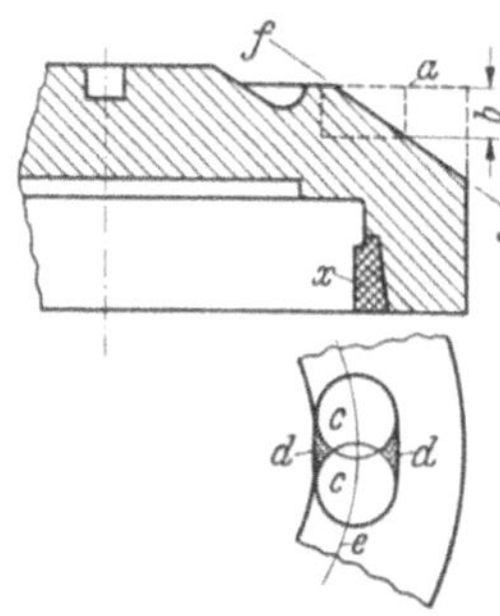

Abb. 31. Einpassen der Stege in Teil *III* (Abb. 29).

die drei Stege) mit einem Forstner-Bohrer auf die Tiefe *b* ein. Sind die sechs Löcher gebohrt, so wird der Ring wieder aufgespannt und die Schräge *f*—*f* angedreht. Der schraffierte Teil *d* wird dann sauber, entsprechend dem Armquerschnitt, ausgearbeitet. Auf diese Weise lassen sich die Dübellöcher einwandfrei bohren, und die Stege sitzen nachher fester.

7. Seiltrommel (Abb. 32···40). Bei der Herstellung runder Modellkörper kann man verschiedene Bauarten anwenden. Wenn der Hauptkörper länger als sein Durchmesser ist, so wird er voll oder hohl verleimt, je nach der Konstruktion des Werkstückes; ist hingegen der Durchmesser größer als die Länge, so wird man der Scheiben- bzw. Ringverleimung den Vorzug geben. Das Gußstück nach Abb. 32 kann aber auch sehr gut schabloniert werden, wenn nur ein Einzelabguß oder vereinzelt Abgüsse in Frage kommen. Beide Modellarbeiten sollen gegenübergestellt werden.

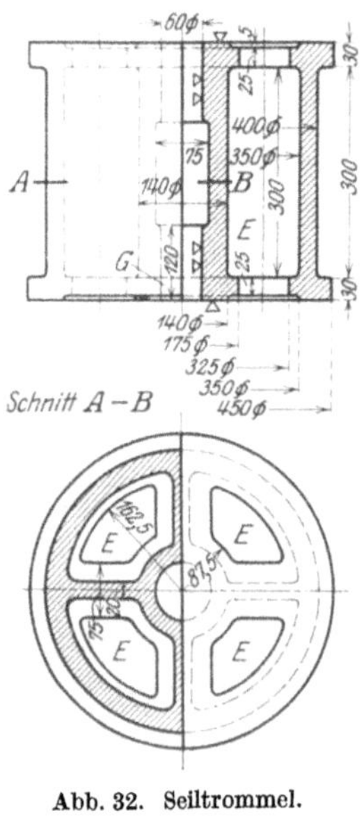

Abb. 32. Seiltrommel.

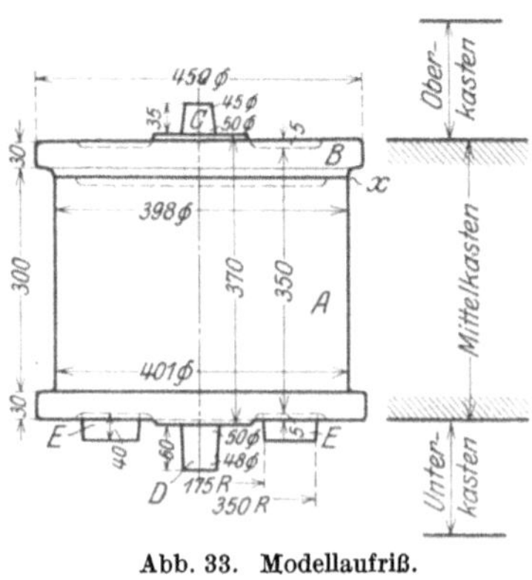

Abb. 33. Modellaufriß.

Abb. 33 zeigt den Modellaufriß, wonach das Modell dreiteilig geformt wird und die Modellteilung bei *x* liegt. Soll das

Modell in der Modellgüteklasse 1 angefertigt werden, so wird man gesundes Erlenholz verwenden, während zu einem Modell der Güteklasse 2 Kiefernholz genügt und für die Güteklasse 3 Schablonenformerei in Frage kommt.

Abb. 34 zeigt die Verleimung und den fertig bearbeiteten (gedrehten) Modellteil A. Der mittlere Kranz besteht aus acht einzelnen, aus Segmenten zusammengesetzten Ringen. Es ist natürlich nicht erforderlich, sich nun gerade auf acht Ringe festzulegen, weil man sich in dieser Beziehung erst einmal nach dem auf Lager befindlichen Holz zu richeten hat. Es wäre unwirtschaftlich gearbeitet, wollte man etwa 60 mm starkes Holz auf 40 mm oder 40 mm starkes Holz auf 22,5 mm herunterhobeln. Bei der Einteilung der Ringstärken muß sich der Modellbauer stets über die zur Verfügung stehenden Hölzer klar sein. Bei den Böden B und C ist 40···45 mm das Mindestmaß der Holzstärke. Die Ringe *1* und *8* macht man innen um 100 mm kleiner als die Ringe 2 und 7, um eine breitere Aufleimfläche für die beiden Böden B und C zu erhalten. Der Vorteil einer Ringverleimung besteht bekanntlich darin, daß sich das Modell nicht verziehen kann.

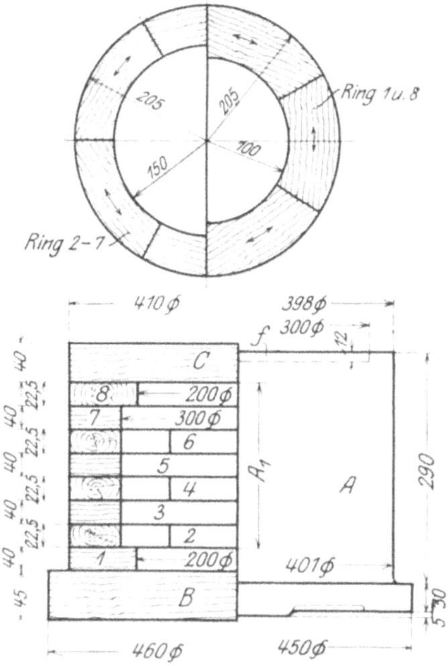

Abb. 34. Modellkörper (Ausführung Modellgüteklasse 3); Zusammensetzung der Ringe.

Bei der Verleimung nach Abb. 34 hätte man bei den beiden Böden B und C mit Hirnholz zu rechnen, da es doch runde Scheiben sind. Dieses kann man vermeiden, wenn man bei der Verleimung nach Abb. 35 verfährt und die Böden B und C, statt sie durchgehen zu lassen, in einen Falz eindreht. In diesem Falle müßte man also noch die beiden Ringe B_1 und C_1 aufleimen. Bei dieser Arbeitsweise wird überhaupt kein Hirnholz am Modell sichtbar, was ja für die Formerei sehr wichtig ist, da Hirnholz im feuchten Formsand leicht rauh wird, dadurch das Ausheben des Modells erschwert und mithin leicht zur Beschädigung der Form führt.

Die Ringe werden nach Abb. 34 mit versetzten Fugen verleimt. Der obere Modellteil B (Abb. 36) wird am Hauptkörper A (Abb. 33) durch den Ansatz f zentriert. Eine besondere Festsetzung, etwa noch durch einen Dübel, ist nicht nötig, da ja beide Teile rund und die Kernmarken E (Abb. 40) für den Mantelkern sich unten am Hauptkörper A (Abb. 33) befinden. Abb. 36 zeigt auch, wie Oberteil B aus drei Holzstärken gesperrt verleimt wird, wodurch einem Verziehen dieses Modellteils vorgebeugt wird.

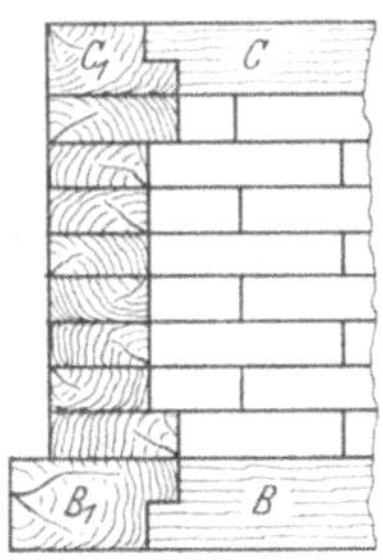

Abb. 35. Modellkörper (Ausführung Modellgüteklasse 2 oder 1).

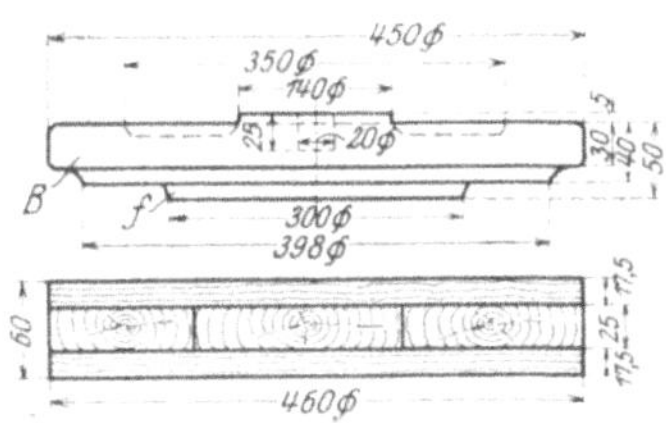

Abb. 36. Verleimung der einzelnen Teile.

Das Einsetzen der vier Mantelkerne *E* (Abb. 37) erfordert etwas Geschick, da die Kerne selbst nur im Unterkasten in Kernführungen eingesetzt werden und sonst allseitig durch die Kernstützen *K* (Abb. 37) gesichert werden müssen. Man soll stets unnötige Kernmarken im Oberkasten vermeiden, da es immer mit Schwierigkeiten verknüpft ist, mehrere Kerne zugleich in den Oberkasten einzuführen. Für den Abguß werden im ganzen fünf Kerne, vier Mantel- und ein Bohrungskern, benötigt. Abb. 38 zeigt den Kernkasten zu den Mantelkernen *E*. Die eingeschriebenen Maße richten sich genau nach Abb. 32 und 33. Die einzelnen Teile des Kernkastens werden, sobald der Kern aufgestampft ist, seitlich in der Pfeilrichtung abgezogen, so daß der Kern freiliegt. Es ist beim Zusammenbau dieses Kernkastens allerdings Bedingung, daß die einzelnen Kernkastenteile durch Dübel genau geführt sind, damit beim jeweiligen Zusammensetzen des Kernkastens keine Schwierigkeiten entstehen können. Weiter bieten die Dübel Gewähr, daß die einzelnen Kernkastenteile wieder genau in ihre Lage zueinander kommen, so daß Maßdifferenzen zwischen den einzelnen Kernen ausgeschlossen sind.

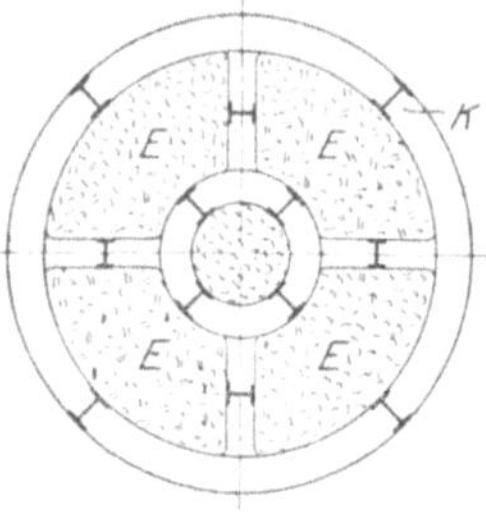

Abb. 37. Sicherung der Mantelkerne in der Form.

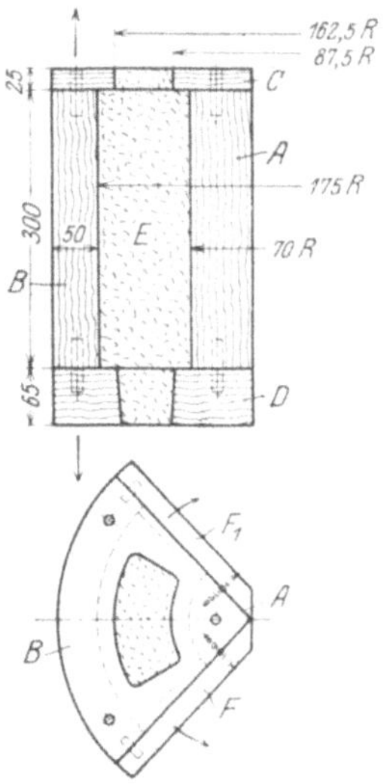

Abb. 38. Kernkasten zu den Mantelkernen.

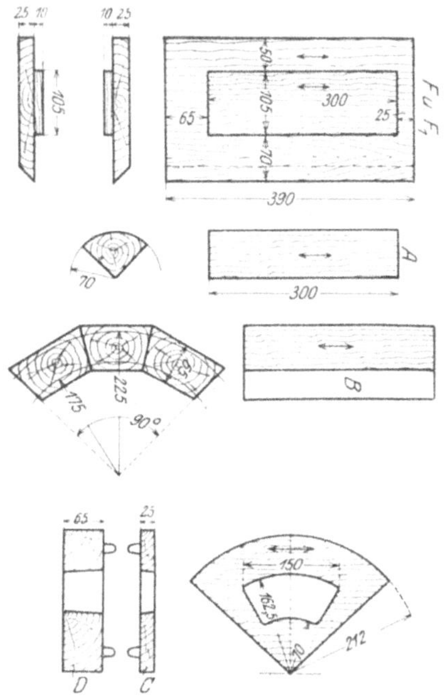

Abb. 39. Einzelteile zum Mantelkernkasten.

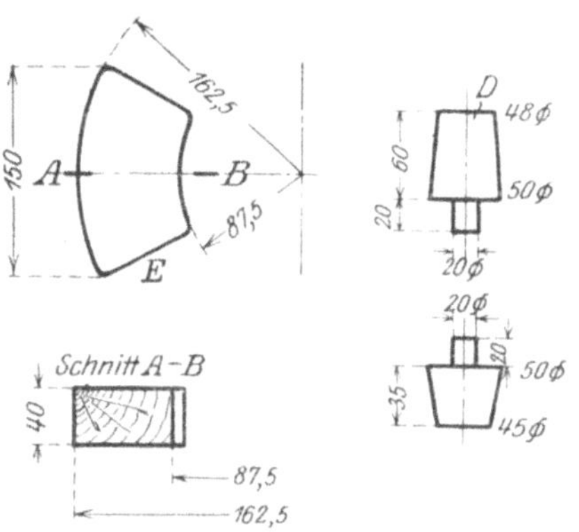

Abb. 40. Führungskernmarken der Mantelkerne.

Aus Abb. 39 ersieht man die Kernkasteneinzelteile. Die jeweilige Faserrichtung des Holzes ist durch Pfeile gekennzeichnet. Die Kernmarken zum Modell zeigt Abb. 40. Die Kernmarke *E* ist viermal und die Kernmarken *C* und *D* sind je einmal auszuführen.

Zum Bohrungskern wird man ebenfalls einen Kernkasten herstellen, und zwar in der Bauart des Kernkastens nach Abb. 27, jedoch nach den vorgeschriebenen Maßen zuzüglich der Kernmarkenlängen, also nach Modellaufriß Abb. 33.

Bedeutend niedriger stellen sich die Modellkosten, wenn die Form ausschabloniert wird. Da es sich um einen glatten zylindrischen Körper handelt, ist die schablonenmäßige Herstellung der Form sehr einfach (hierüber siehe Kap. II).

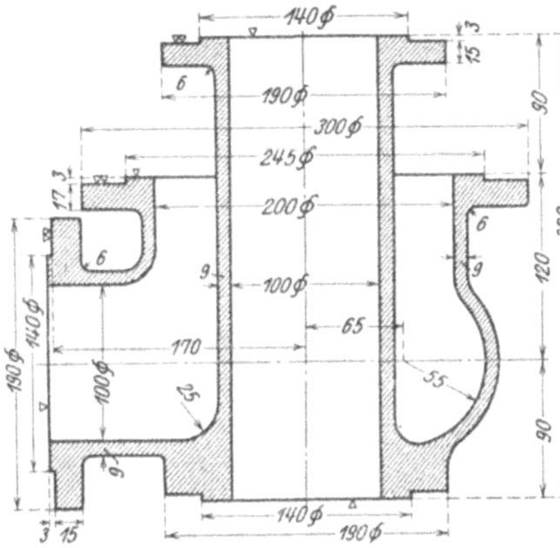

Abb. 41. Gehäuse.

8. Gehäuse mit Stutzen (Abb. 41···47). In Abb. 41 ist die Werkstattzeichnung und in Abb. 42 der Modellaufriß ersichtlich. Abb. 43 gibt den Modellaufbau an. Hauptkörper *A* ist zweiteilig, gedübelt und massiv verleimt, etwa aus vier Holzstärken, wobei die Linien *f* die Leimfugen darstellen. Die Mantelkernmarke *F* ist am Modellhauptkörper *A* angedreht. Die Flanschen *B* und *C* werden für sich als Ringe zusammengeleimt, wobei die Ringe *1*, *2* und *3* gleichen Durchmesser haben, während die Ringe *4*, um an Werkstoff

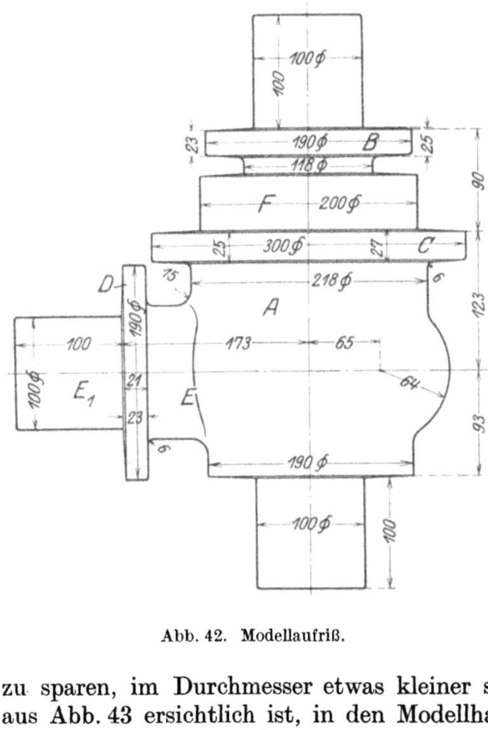

Abb. 42. Modellaufriß.

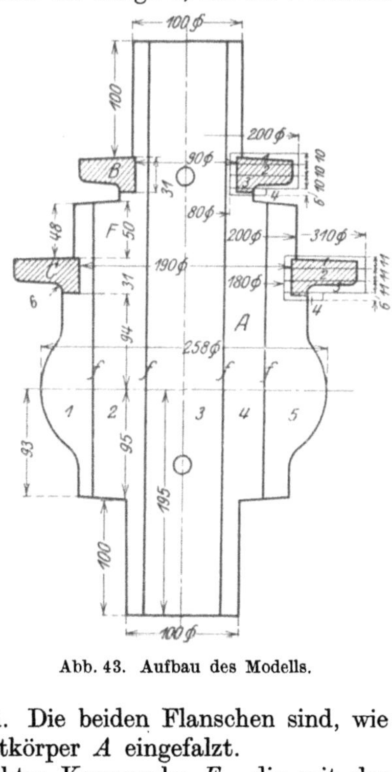

Abb. 43. Aufbau des Modells.

zu sparen, im Durchmesser etwas kleiner sind. Die beiden Flanschen sind, wie aus Abb. 43 ersichtlich ist, in den Modellhauptkörper *A* eingefalzt.

Abb. 44 zeigt den Stutzen *E* mit angedrehter Kernmarke E_1, die mit der

Kernmarke *F* (Abb. 42) die Lagerung des Mantelkernes bildet. Stutzen *E* ist aus Langholz, während der Flansch *D* wieder aus Ringen verleimt und in den Teil *E* eingefalzt wird. Die Teilfuge dieses Stutzens wird mit Papier verleimt und nach dem Drehen gesprengt (vgl. Abb. 113 im 1. Teil).

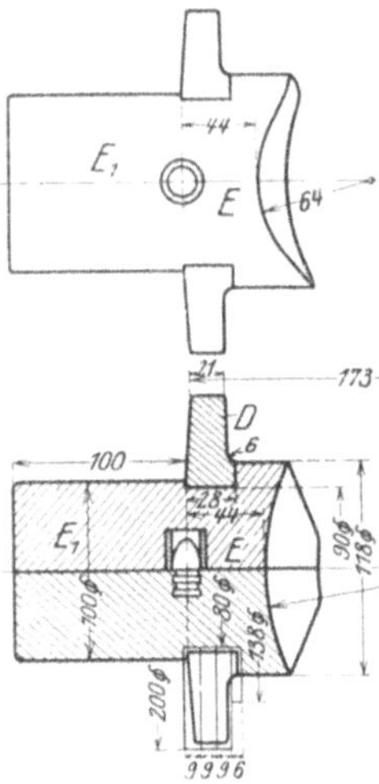

Abb. 44. Stutzenmodell.

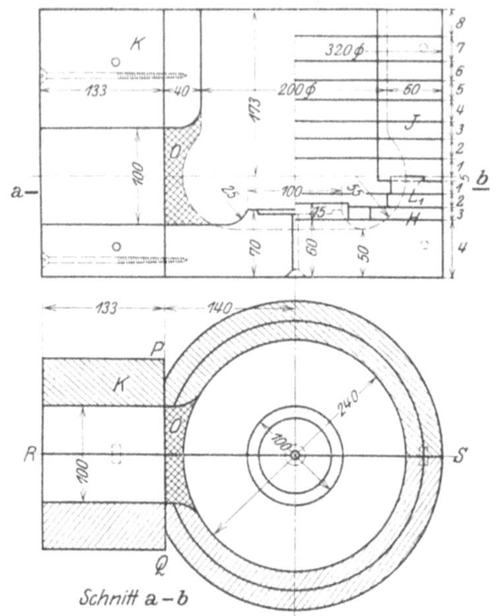

Abb. 45. Mantelkernkasten.

Es ist sorgfältig darauf zu achten, daß die Abschrägungen am Modell entsprechend Abb. 43/44 ausgeführt werden, so daß die Form beim Ausheben des Modells nicht unnötig beschädigt wird, besonders lassen sich die vorstehenden Flanschen *B*, *C* und *D* schlecht flicken, da sie nur etwas über 20 mm stark sind. An der Verbindungsstelle des Stutzens *E* mit dem Modellhauptkörper *A* muß ein doppelter Schwalbenschwanz *U* (Abb. 47) auf beiden Modellhälften eingeleimt werden, damit der Stutzen *E* beim Einformen nicht losgeschlagen wird.

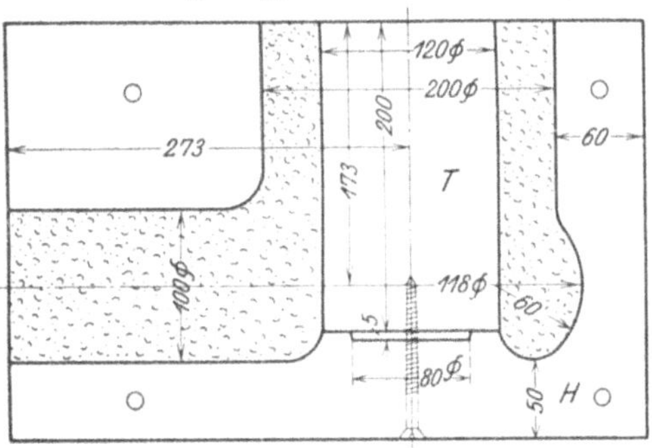

Abb. 46. Schnitt durch den aufgestampften Mantelkern.

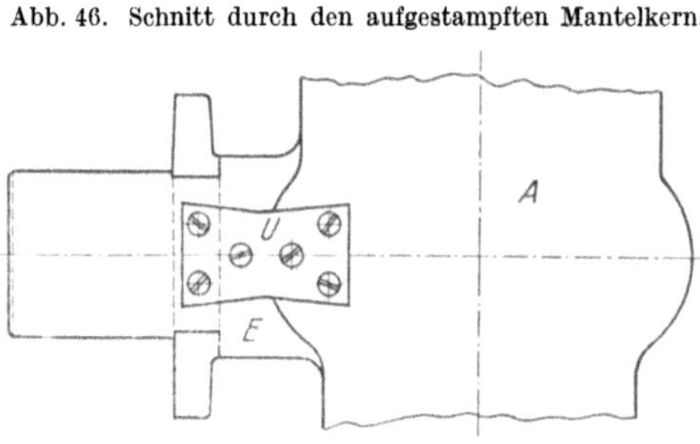

Abb. 47. Befestigung des Stutzenmodells.

Abb. 45 zeigt den Aufbau des Mantelkernkastens, den ausgedrehten Boden *H*, den ebenfalls ausgedrehten Ring *J* und den Teil *K*. Die Teile *H* und *J* sind aus Ringen verleimt. Bei *H* ist *4* ein voller Boden, auf den die Ringe *1*, *2* und *3* mit entsprechendem Durchmesser aufgeleimt sind. Auch der obere Kernkastenteil *J* wird aus mehreren Ringen, etwa acht, aufeinandergeleimt. Die Teile *H* und *J* sind, wie bei L_1 ersichtlich ist, mittels Ringnut zentriert. Sind die beiden Kernkastenteile gedreht, so werden sie bei L_1 aufeinandergeleimt und in der Linie *P*—*Q* abgeschnitten und bestoßen, da an dieser Stelle der Teil *K* angesetzt wird. Die Teilung des Kernkastens liegt in der Linie *R*—*S*. Die schraffierte Durchbruchstelle *O* wird, wenn *K* angeleimt ist, nach einer Lehre ausgearbeitet.

In Abb. 46 ist der Mantelkern aufgestampft. Der Zylinder *T*, welcher die Ummantelung für den zylindrischen Kern hergibt, ist in dem Kernkastenboden *H* mit einem Ansatz zentriert und von unten festgeschraubt. Sobald der Kern aufgestampft ist, wird *T* losgeschraubt und nach oben aus der Kernbüchse herausgezogen, da sonst der aufgestampfte Kern nicht aus dem Kernkasten entfernt werden kann. Beim Einlegen der Kerne in die Form wird der zylindrische Kern durch den Mantelkern hindurchgesteckt.

Bei diesem Modell wird man bei der Güteklasse 3 Kiefernholz und bei der Güteklasse 2 Erlenholz verwenden. Der wiedergegebene Modellaufbau entspricht etwa der Güteklasse 2. Für die Güteklasse 1 kann man gleichfalls Erlenholz verwenden und die Flanschen vielleicht aus Leichtmetall herstellen und sie ebenso wie die Holzflanschen, also mit Falz, befestigen. Die Abstreichflächen des Kernkastens wird man bei der Güteklasse 1 mit Blech beschlagen, damit sie sich nicht so schnell abnutzen.

9. Zahnräder. Wenn auch Zahnradmodelle infolge Einführung der Zahnradformmaschinen heute nur noch vereinzelt gebaut werden, so ist es doch für den Modellbauer wichtig zu wissen, wie man es erreicht, daß die nach Modell geformten Räder im Rohguß richtig eingreifen oder, wie der Fachmann sagt, „kämmen".

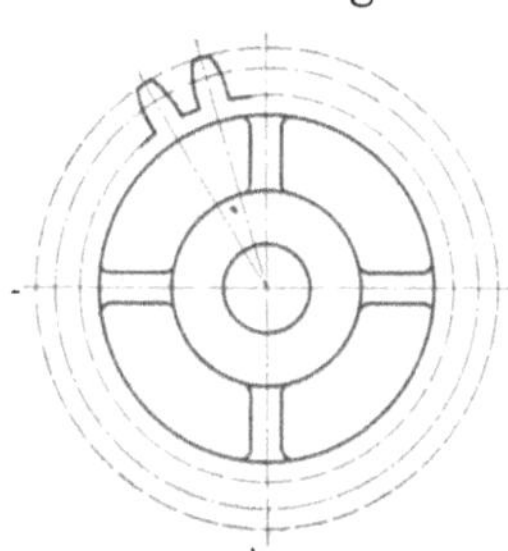

Abb. 48. Stirnrad mit 24 Zähnen.

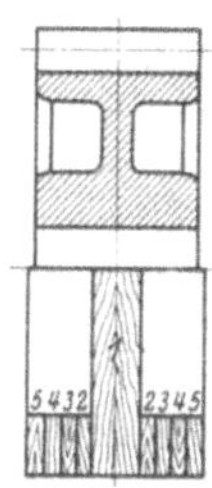

Abb. 49. Oben Schnitt, unten Modellaufriß.

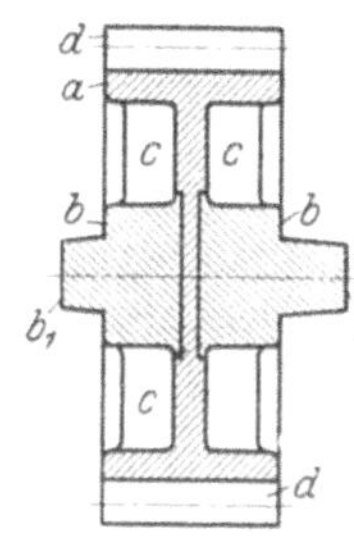

Abb. 50. Stirnradmodell.

a) Stirnrad mit 24 Zähnen (Abb. 48 ··· 54). Abb. 48 zeigt die Ansicht auf das Zahnrad, Abb. 49 oben den Schnitt durch dasselbe und unten den Aufbau des Modellkörpers. Das Modell besteht aus der runden Scheibe *1* und den beiderseits daran befestigten Ringen aus je sechs versetzt aufeinandergeleimten Segmenten *2*, *3*, *4* und *5*.

Die 24 Zähne *d* des Modells (Abb. 50) werden einzeln nach einer Lehre ausgearbeitet. Die Naben sind beiderseits eingedreht, um ein Rundlaufen der Naben mit dem Zahnkranz zu sichern. Abb. 51 zeigt das fertige Nabenkreuz, welches auf der einen Seite des Modells, auf der sich die niedrige Kernmarke befindet, lose bleibt, um sich mit dem Oberkasten abheben zu lassen.

Abb. 52 zeigt, wie der Modellbauer das Nabenkreuz zusammensetzt. Die beiden Naben *b* erhalten je vier Einschnitte *a*, welche der Dicke der Rippen entsprechen. Die Rippen werden stramm eingepaßt und auf einer geraden Platte eingeleimt, so daß also die Auflagefläche des Kreuzes genau gerade ist.

Abb. 53 stellt den einzelnen Zahn dar, und zwar bei *a* fertig bearbeitet, bei *b* zugerichtet, also unbearbeitet. Abb. 54 *I* ist die zum Ausarbeiten nötige Lehre, wobei der Einschnitt a_1 genau der Länge a_1 des Zahnes entspricht. Die zugerichteten Zähne *b* (Abb. 53) müssen stramm in die Lehre passen. Um dem Zahn einen gewissen Halt zu geben, sichert man ihn durch zwei Spitzen *i*, zwei Stifte, deren vorstehende Länge spitz gefeilt ist. So läßt sich der zugerichtete Zahn einschlagen und erhält nach der Seite hin zum Bearbeiten den nötigen Halt. Abb. 54 *III* zeigt den zugerichteten Zahn in die Lehre eingesetzt, das vorstehende (schraffierte) Holz muß abgehobelt werden.

Das Ausarbeiten der einzelnen Zähne in der Lehre erfordert eine erhebliche Geschicklichkeit, weil eben der vierundzwanzigste Zahn so ausfallen muß wie der erste. Sind alle Einzelteile fertig, so reißt der Modellbauer die 24 Zahnmitten auf, um später die Zähne genau aufsetzen zu können. Beim Auftragen der Zahnmitten muß sehr genau gearbeitet werden, wenn die aufgeleimten Zähne richtig sitzen sollen, denn der geringste Unterschied kann dazu beitragen, daß das abgegossene Rad klemmt, also nicht einwandfrei läuft.

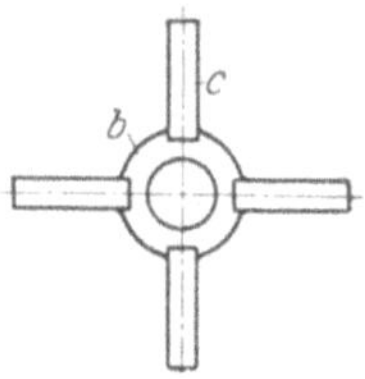

Abb. 51. Nabenkreuz.

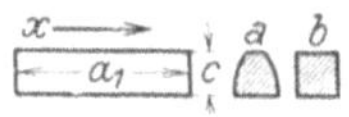

Abb. 53. Zähne zum Modell.

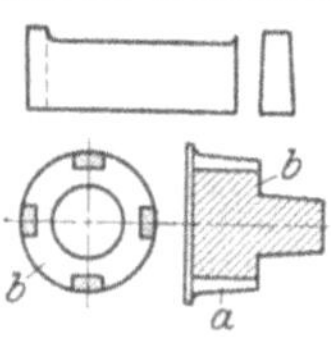

Abb. 52. Teile zum Nabenkreuz.

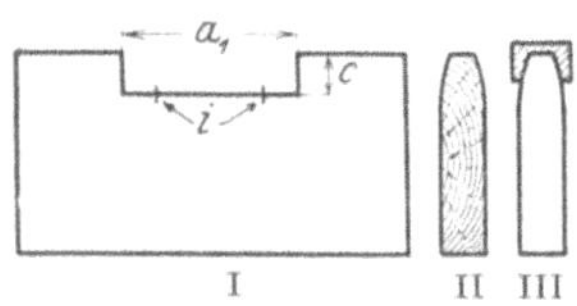

Abb. 54. Zahnlehre I = Seitenansicht; II = Stirnansicht; III = Zahnholz eingesetzt.

Ferner müssen die Zähne genau winklig aufgeleimt sein, damit beim Ausheben des Modells der in den Zahnlücken aufgestampfte Sand stehenbleibt, denn die Zähne dürfen natürlich nicht verjüngt ausgeführt werden. In der Regel fertigt der Modellbauer drei bis vier Zähne, sog. „Flickzähne", mehr an, welche dazu dienen, beim Modellausheben entstandene Schäden zu beheben. Rohgegossene Zähne sollen und dürfen nicht nachgearbeitet werden, weil sonst die richtige Zahnform verlorengeht und der Zahn geschwächt wird.

b) Kegelrad (Abb. 55···60). Abb. 55 ist der Abguß des Kegelrades, Abb. 56 das Modell. Auch hier bleibt die Nabe *a* mit den vier eingesetzten Rippen *b* lose, Nabe *c* wird ebenfalls in einer Eindrehung eingepaßt und Kernmarke *d* durch angedrehten Zapfen aufgesteckt. Abb. 57 zeigt den Modellaufbau. *f* ist ein voller Boden, auf der einen Seite des Bodens ist ein Ring *g*, auf der anderen Seite sind vier Ringe *g* mit versetzten Fugen aufgeleimt. Auch bei den kegeligen Rädern werden, wie bei den Stirnrädern, die Zähne besonders angefertigt und aufgeleimt.

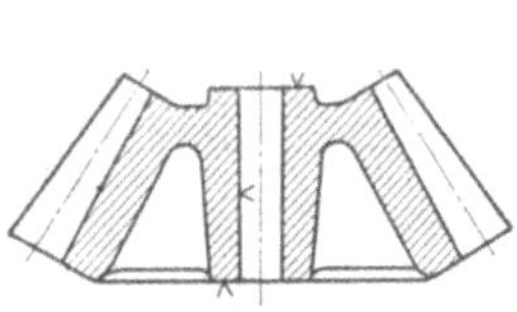
Abb. 55. Kegelrad.

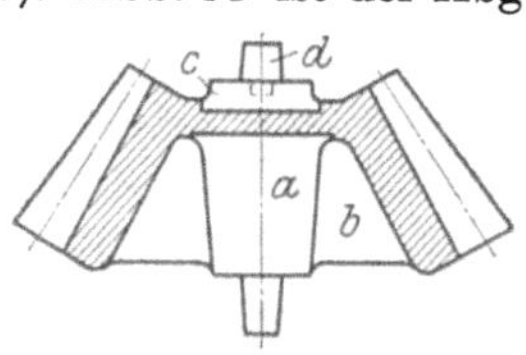

Abb. 56. Modell.

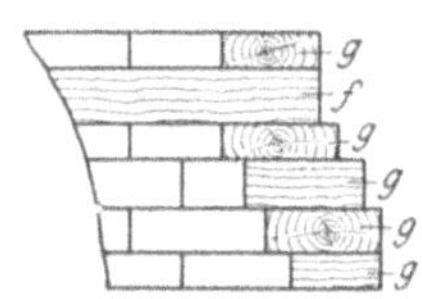

Abb. 57. Aufbau des Modellkörpers.

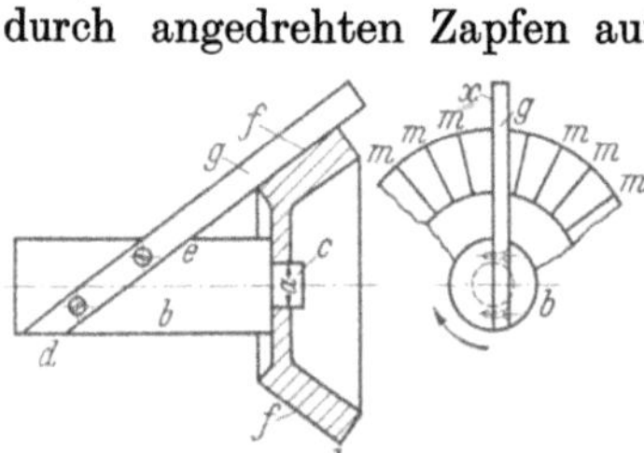

Abb. 58. Anzeichnen der Zahnmitten.

Abb. 58 zeigt, wie die Zahnmitten auf den kegelig gedrehten Hauptkörper aufgezeichnet werden. Man bohrt auf der Drehbank das Loch *a* und paßt den Dorn *b* mit dem Zapfen *c* stramm ein. Dann fertigt man eine nicht biegsame Leiste *g* an, legt diese auf die Mantelfläche *f* auf und überträgt die Linie *d*—*e* auf den Dorn. Der Dorn wird dann zur Hälfte abgesetzt. Die Kante x der Leiste g schneidet genau die Mitte des Dornes. Hat man nun auf der Kante h die Zahnmitten angestochen, so braucht man nur jeweils die Kante x an die vorgezeichneten Zahnmitten anzulegen und kann dann einen scharfen Riß mit der Reißnadel an der Kante entlang ziehen. Der Dorn b wird in der Pfeilrichtung gedreht, und so werden die einzelnen Zahnmitten m aufgetragen.

Bei der Zahnlehre (Abb. 59) zum Anfertigen der kegeligen Zähne müssen die zugerichteten Zähne genau in die Lehrenöffnung a passen. Je nach der Stärke des Zahnes am dünnen Ende kann es vorkommen, daß die Lehre bei b spitz ausläuft. Eine derartig schwache Lehre läßt sich schlecht in die Hobelbank einspannen. Hier schafft der Modellbauer Abhilfe, indem er die Zahnlehre am unteren Ende bei c absetzt, um sie auf diese Art in eine Kluppe einspannen zu können. — Auch bei Kegelradmodellen fertigt der Modellbauer drei bis vier Zähne mehr an, um sie als Flickzähne mit in die Gießerei zu geben.

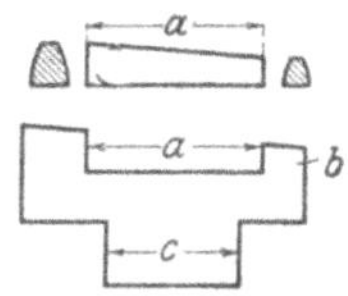

Abb. 59. Zahn und Zahnlehre.

Abb. 60 zeigt das eingeformte Modell. Das Nabenkreuz A mit den vier Rippen hebt sich beim Abheben des Oberkastens mit hoch und wird, wenn der Kasten gewendet ist, herausgenommen. Beim Ausheben von Zahnradmodellen aus der Form darf der Former daher nur wenig klopfen, er muß das Modell sehr vorsichtig ausheben, um wenig Flickarbeit zu bekommen.

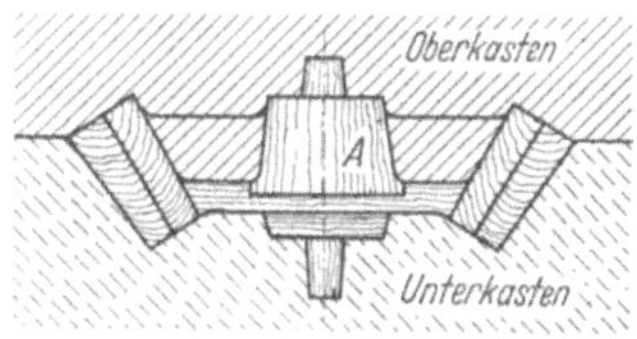

Abb. 60. Eingeformtes Modell.

c) Kegelrad mit Holzzähnen (Abb. 61···63). Abb. 61 zeigt den gußeisernen Radkörper, rechts mit eingegossenem Schlitz, links mit eingesetztem Holzzahn. Abb. 62 stellt einen zugeschnittenen Zahn aus Weißbuchenholz dar. Die Holzfaser läuft in der Richtung x, während f die Breite des zugeschnittenen Zahnes ist. Der Zahnschaft d ist ringsherum abgesetzt, damit der Zahn beim Einbauen in den Schlitz des Gußkörpers einen Ansatz hat und bis an diesen Ansatz hineingetrieben werden kann. In Abb. 63 sind drei vorgerichtete Zähne c in die eingegossenen Schlitze f eingebaut. Die Zwischenräume a werden durch Holzkeilchen d ausgefüllt; die Holzfaser läuft in der Pfeilrichtung x, damit die Zähne beim Abdrehen nicht zersplittert werden.

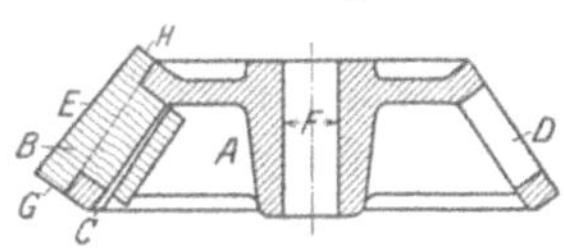

Abb. 61. Gußeisernes Kegelrad mit Holzzähnen (Kammrad).

Die Zähne müssen so stramm in die Schlitze gehen, daß sie mit dem Holzhammer eingeschlagen werden müssen, und um dem Zahn noch eine Sicherung zu geben, bohrt man durch die Mitte des Zahnschaftes scharf am Eisenkranz bei

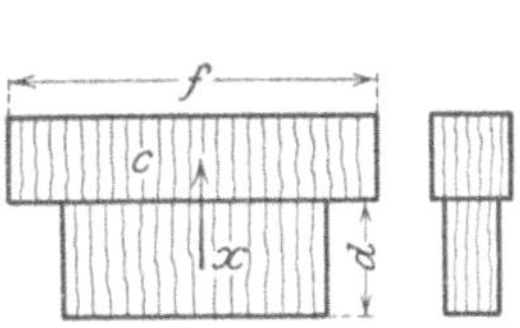

Abb. 62. Zugerichteter Zahn.

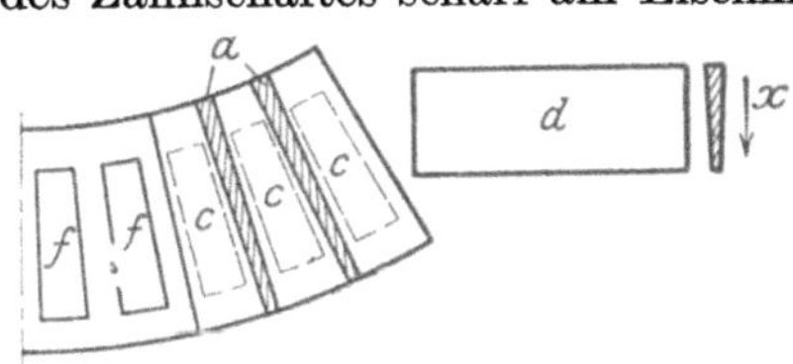

Abb. 63. Eingesetzte Holzzähne.

C (Abb. 61) ein Loch und treibt einen eisernen Splint hinein. Ist die Fläche E des verkämmten Rades genau nach Zeichnung abgedreht, so werden wieder wie in Abb. 58 die Zahnmitten aufgetragen. Die eingesetzten Zähne dürfen nicht mehr herausgekeilt werden, um sie etwa einzeln zu bearbeiten; man würde sie niemals wieder in die richtige Lage bekommen, wie sie vorher gesessen haben. Deshalb müssen die Zahnlücken herausgestochen werden. Dies hat mit größter Sorgfalt zu geschehen.

Um das Aufreißen der Zahnform zu ermöglichen, fertigt der Modelltischler zwei Blechschablonen, eine nach Zahnprofil *G* (Abb. 61), die andere nach Profil *H*, und zeichnet damit die einzelnen Zähne an. Vor dem Ausarbeiten der Zähne treibt man zwischen die einzelnen Zahnschäfte, also seitlich, noch stramm sitzende Holzkeile *d* (Abb. 63), um ganz sicher zu sein, daß sich die Zähne beim Arbeiten des Rades nicht lockern.

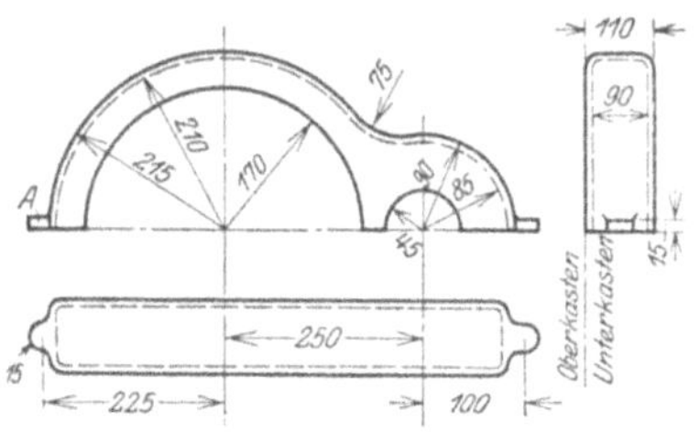

Abb. 64. Radkastenoberteil für Stirnräderpaar.

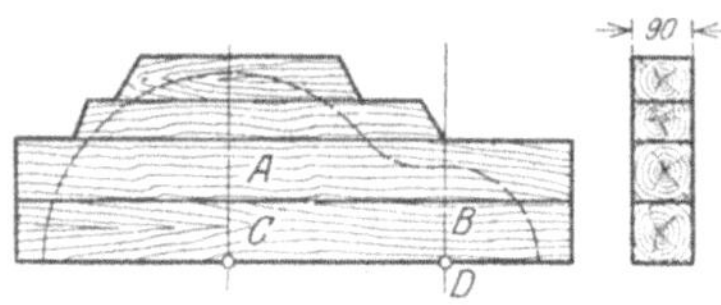

Abb. 65. Verleimung des Modellhauptkörpers.

10. Radkasten für Stirnräderpaar (Abb. 64 bis 68). Abb. 64 ist die Werkstattzeichnung. Zum Aufbau des Modells wird eine Platte (Abb. 65) in einer Stärke von 90 mm verleimt. Ein derartig starkes Brett soll man stets aus mehreren Stücken, etwa vier bis acht, zusammensetzen; wollte man hierfür ein Brett in einer Gesamtbreite von ungefähr 220 mm nehmen, so würden unnötige Holzabfälle entstehen, und man könnte Gefahr laufen, wenn kein ganz trockenes Holz verwendet wird, daß sich das Brett verzieht. Die beiden oberen Stücke können zwecks Werkstoffersparnis kürzer sein.

Ist das verleimte Brett auf die Stärke von genau 90 mm bearbeitet, so werden erst die beiden Mittellinien *A* und *B* aufgetragen und dann von den Stichpunkten *C* und *D* aus die äußeren Formen des Modells aufgezeichnet, mit der Bandsäge ausgeschnitten und sauber bearbeitet.

Abb. 66 zeigt das zusammengesetzte Modell: *A* ist die vorher genannte Platte von 90 mm Stärke, auf die beiderseits je drei Segmente *1*, *2* und *3* von 5 mm Stärke (entspricht der Wandstärke)

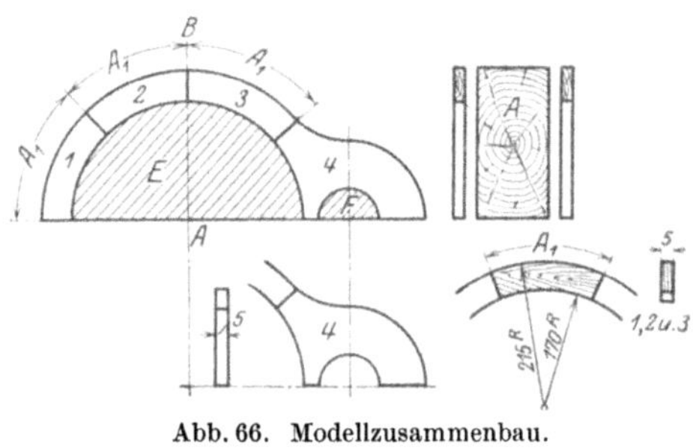

Abb. 66. Modellzusammenbau.

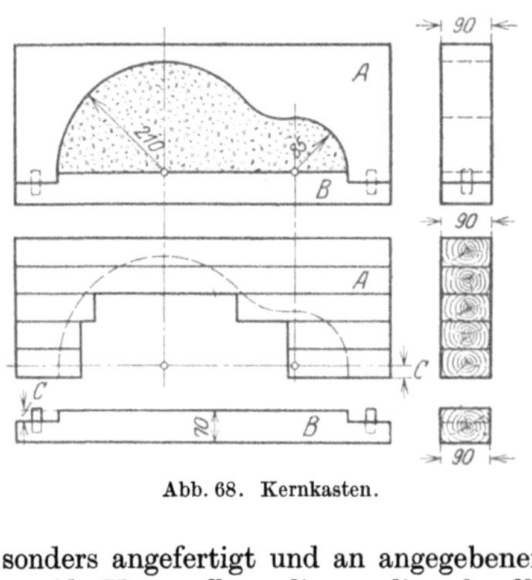

Abb. 68. Kernkasten.

Abb. 67. Schraubennocken.

aufgeleimt werden. An die Segmente *3* werden beiderseits die Stücke *4* angeleimt. Die aufgeleimten Stücke werden außen mit der Platte *A* sauber verputzt und die scharfen Kanten nach dem vorgeschriebenen Halbmesser abgerundet. Die beiden Nocken (Abb. 67) werden besonders angefertigt und an angegebener Stelle lose angesteckt (*A* Abb. 64).

Als Kernauflage dienen die schraffierten Flächen *E* und *F* (Abb. 66).

Das Modell wird flach geformt, die seitlich angesteckten Schraubennocken werden, wenn das Modell aus der Form herausgenommen ist, seitlich hereingezogen.

Die Herstellung des Kernkastens ist ziemlich einfach. Er besteht aus den Teilen *A* und *B* (Abb. 68). Auch der Teil *A* wird, um Holz zu sparen, verleimt, die innere Form aufgezeichnet, ausgeschnitten und bearbeitet. Der vorspringende Teil *C* dient als Ansatz für die Leiste *B*. Die beiden Teile *A* und *B* werden zusammengedübelt, damit man, wenn der Kern aufgestampft ist, die Leiste *B* abziehen kann, um den Kern freizulegen. Die innere Form des Kernkastens wird überall um die Wandstärke von 5 mm kleiner als das Modell.

11. Radkasten für Kegelräderpaar (Abb. 69···76). Der Radkasten besteht aus einem Unter- und einem Oberteil, die Spiegelbilder voneinander sind. Zum Unterteil ist daher ein besonderes Modell erforderlich. Abb. 69 ist die Werkstattzeichnung zum Oberteil, Abb. 70 der Modellaufriß.

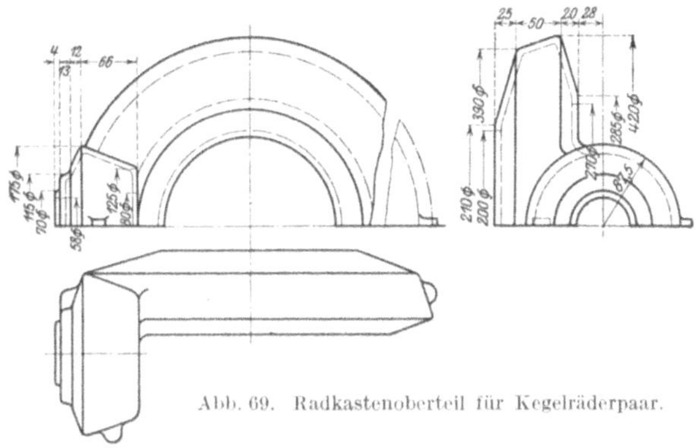

Abb. 69. Radkastenoberteil für Kegelräderpaar.

Abb. 71 zeigt die Herstellung des Modellkörpers *A*, auf der linken Seite den Modellaufbau und rechts den gedrehten Modellkörper. Man leimt mehrere Scheiben *1*···*6* von hinreichender Größe aufeinander. Dabei läßt man die Holzfasern der einzelnen Scheiben in e i n e r Richtung laufen, in diesem Falle also nicht über Kreuz; dadurch wird erreicht, daß die Außenflächen des Modells reiner werden, da Hirnholz im feuchten Formsand quillt. Die Scheiben *C* und *D* sind einfache Scheiben und Modellbestandteile für sich, werden also besonders zugerichtet und gedreht, wie noch beim Zusammenbau des Modells zu sehen sein wird.

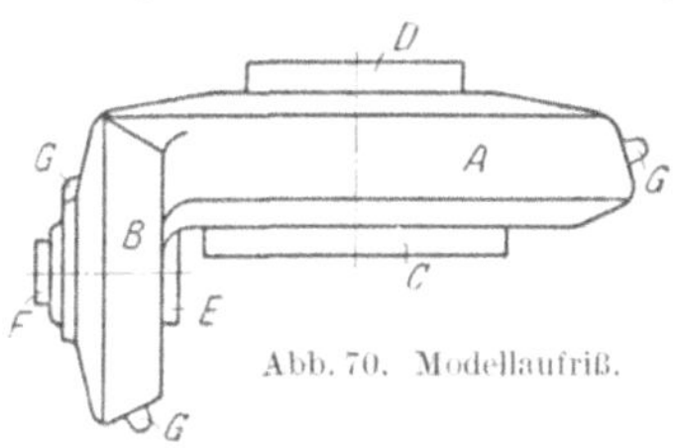

Abb. 70. Modellaufriß.

Abb. 72 ist der kleine Modellkörper *B* nach Abb. 70, links der Modellaufbau, rechts der gedrehte Körper. Sämtliche Teile werden wie bei Körper *A* verleimt, und zwar mit Papierfugen. Wenn die beiden Teile *A* und *B* genau nach Modellaufriß, sowie die Kernmarken *C*, *D*, *E* und *F* auf der Drehbank bearbeitet sind, beginnt der eigentliche Modellaufbau. Von allen gedrehten Modellteilen wird die eine Hälfte für das obere, die andere für das untere Radkastenmodell verwendet.

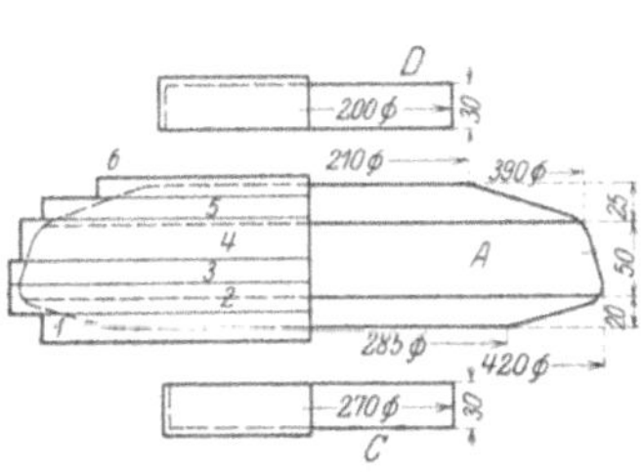

Abb. 71. Verleimung von Modellteil *A*.

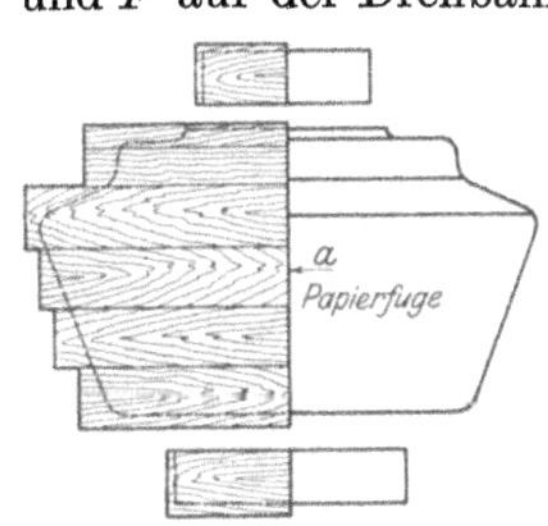

Abb. 72. Verleimung von Modellteil *B*.

Der Modellbauer richtet sich eine Holztafel (Reißplatte) in entsprechender Größe genau ab, damit er eine gerade Auflagefläche erhält, trägt zuerst die Mittellinie *C* (Abb. 73) auf und senkrecht dazu die Mittellinie *D*. Diese beiden Mittellinien sind wesentlich für den Zusammenbau und für die Maßhaltigkeit des Modells, denn sie sind zugleich die Achsen der Kegelräder, welche in dem Radkasten laufen. In einem Abstand von 123 mm, parallel mit der Linie *D*, wird die Linie *E* angerissen und haarscharf damit abschneidend auf der Reißplatte eine Leiste *F* befestigt, die als Anschlag für den Modellteil *A* dient. Parallel zur Linie *C*, in einem Abstand von 227 mm, wird die Leiste *G* als Anschlag für den Modellteil *B* befestigt. Die beiden Maße 123 mm und 227 mm entsprechen den Konstruktionsmaßen nach Abb. 69. Der Modellbauer paßt nun die beiden Modellteile *A* und *B* in der Gehrungslinie A_1B_1 zusammen, und zwar so, daß die Mitte des Teiles *A* nicht von der Mittellinie *C* abweicht, und daß seine hintere Fläche an der Leiste *F* anliegt. Ebenso muß die Mittellinie von Teil *B* sich mit der Mittellinie *D* decken und die hintere Fläche an der Leiste *G* anliegen. Die Modellkörper *A* und *B* richtig zusammenzupassen, erfordert schon etwas Geschicklichkeit. Sind beide Teile genau im Winkel von 90 Grad miteinander verleimt, so muß man, damit die beiden Modellteile in der Gehrung fest zusammenhalten, einen Doppelschwalbenschwanz *H* (Abb. 73) aus Hartholz von 12···15 mm Dicke in die Grundfläche einlassen, verleimen und verschrauben. Auch wird man die beiden Modellteile selbst noch durch Schrauben sichern. Danach setzt man die halben Kernmarken *C*, *D*, *E* und *F* und die Schraubennocken *G* (Abb. 70) an, verputzt das Modell und zieht über die Gehrung, also da, wo die beiden Modellteile zusammengefügt sind, eine Wachshohlkehle, um die scharfe Ecke zu beseitigen und dem Modell eine abgerundete Form zu geben.

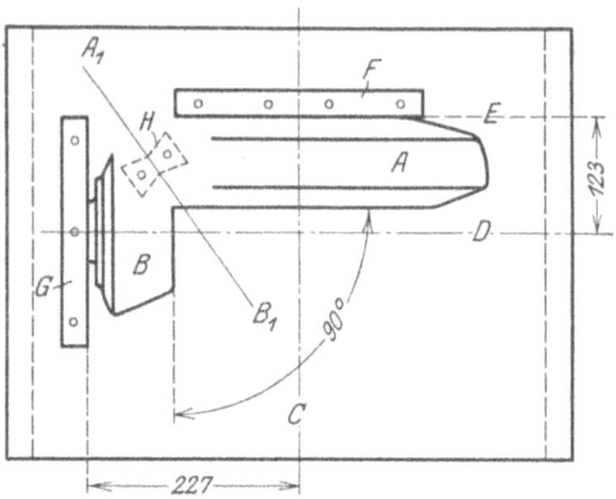

Abb. 73. Modellzusammenbau.

Schwieriger als der Modellaufbau ist der Zusammenbau der halben Kernkästen. Auch jede Kernkastenhälfte besteht wieder aus den beiden Teilen *A* und *B* (Abb. 74 u. 75). Um den Teil *A* überhaupt auf der Drehbank bearbeiten zu können, muß man ihn aus zwei Teilen *a* und *b* zusammensetzen. Beide Teile werden, wie der Aufbau zeigt, aus mehreren Ringen zu je sechs Segmenten versetzt verleimt und bei *C* miteinander zentriert. Nach dem Drehen werden sie in der Mitte durchgeschnitten, so daß die beiden Kernkastenhälften für Ober- und Unterteil entstehen. Da der Radkasten nur eine Eisenstärke von 5 mm hat, ist der Kernkasten sehr genau zu bearbeiten, man sieht Abb. 74 links die Eisenstärke gekennzeichnet. Genau wie der Kernkastenteil *A*

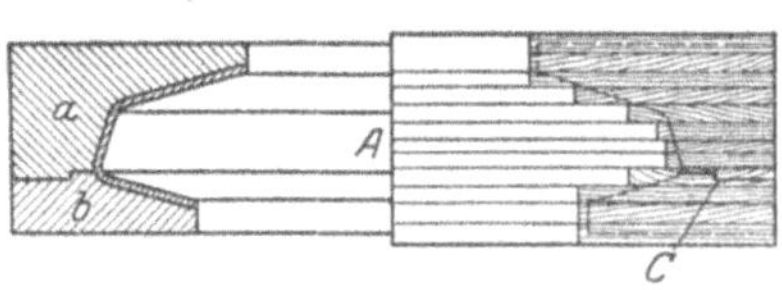

Abb. 74. Kernkastenteil *A*.

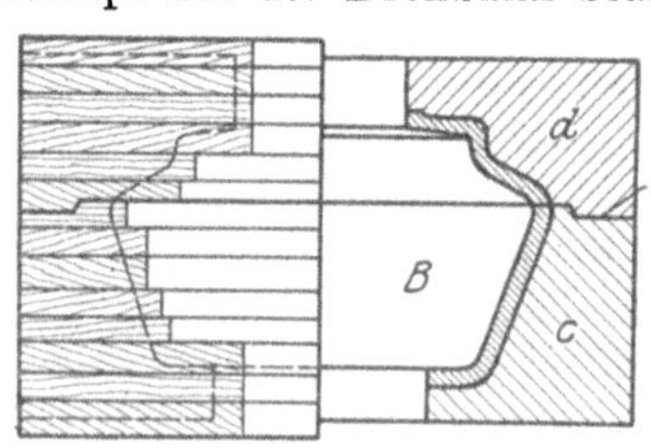

Abb. 75. Kernkastenteil *B*.

wird auch Teil B (Abb. 75) aufgebaut und bearbeitet; die Teile c und d sind bei e zusammengesetzt.

Nun werden auch die beiden Kernkastenteile auf Gehrung zusammengepaßt (Abb. 76) und fest miteinander verbunden, eine Arbeit, welche große Genauigkeit erfordert, wenn bei den Abgüssen die Eisenstärke stimmen soll. Beim Zusammenbau des Kernkastens sind die beiden Maße 123 mm + 30 mm Kernmarke = 153 mm und 227 mm + 30 mm Kernmarke = 257 mm ausschlaggebend. Der Kernkasten ist nach oben offen, und der aufgestampfte Kern kann gestülpt werden, da er ja keine Unterschneidungen hat. Aus diesem Grunde braucht der Kernkasten auch seitlich nicht auseinander zu gehen, wie es sonst oft nötig ist. Das ist günstig für seine Starrheit.

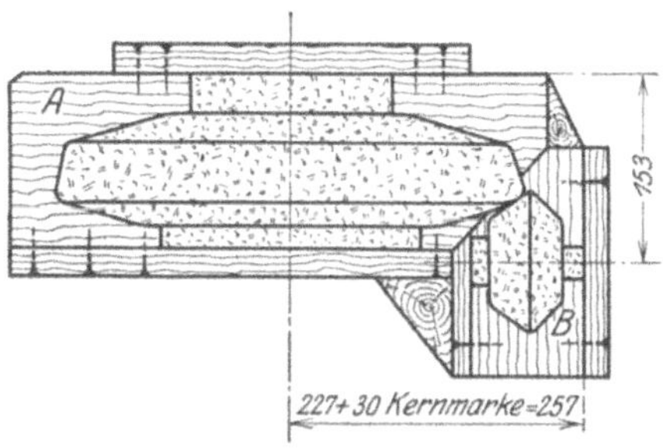

Abb. 76. Zusammengebauter Kernkasten.

12. Maschinentisch (Abb. 77···86). Abb. 77: Werkstattzeichnung. Abb. 78: Modellaufriß. Es wird hier wieder ein Naturmodell angefertigt, d. h. ein Modell,

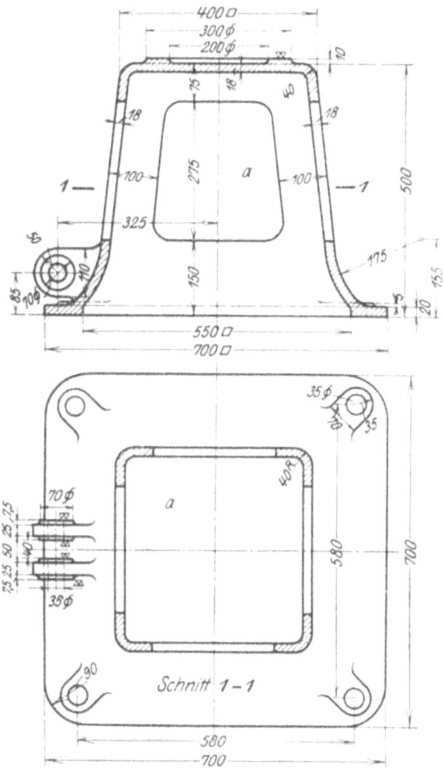

Abb. 77. Maschinentisch.

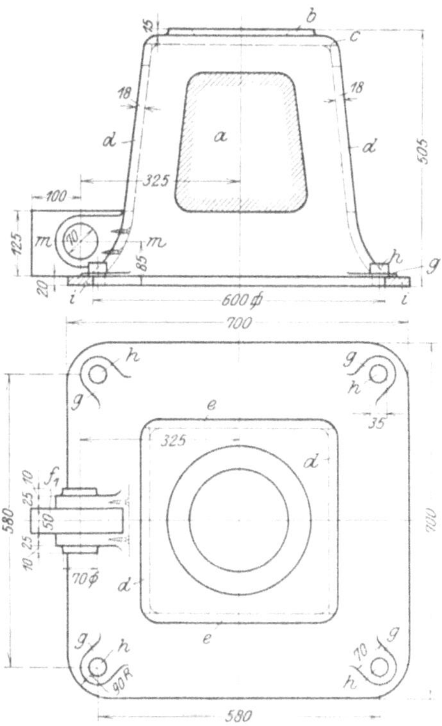

Abb. 78. Modellaufriß.

mit dem ohne Kern geformt wird, indem der Ballen für den Hohlraum an den Oberkasten gehängt wird.

Die vier Wände des Gußstückes (Abb. 77) sind durch die Öffnung a ausgespart.

An diesen Stellen werden am Modell keine Kernmarken aufgesetzt, sondern die Durchbrüche werden schwarz gekennzeichnet, damit der Former weiß, daß hier Kerne aufgeschnallt (aufgestampft) werden müssen.

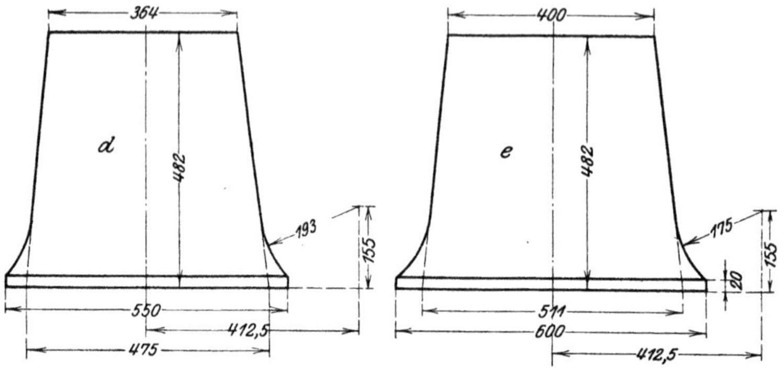

Abb. 79. Form der Seitenwände.

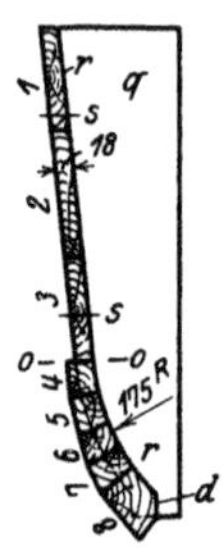

Abb. 80. Schnitt durch die verleimten Seitenwände.

Abb. 79 zeigt die Größe der Seiten *d* und *e*, Abb. 80 ihre geschweifte Form und ihren Aufbau. Um diese Wände aufzubauen, fertigt der Modellbauer zwei Schablonen *q* an, ∼ 40 mm dick, und arbeitet daran eine Kante *r*—*r* genau nach der äußeren Form des Modells an. Die Bretter *1*, *2* und *3* sind gehobelt 18 mm dick, gleich der Wandstärke. Diese Bretter werden zusammengeleimt und in der Linie *o* angelegt, also an der Stelle, wo die Schweifung beginnt. Die Stücke *4*···*8* sind einzelne Dauben, die unten nach einem Halbmesser von 175 mm ausgekehlt, aufgepaßt, aneinandergefügt und geleimt werden. Hierbei muß Stück *8* an der Stelle *d* noch eingepaßt werden. Nach dem Verleimen werden die Dauben in ihrer inneren Form bearbeitet, die zur Befestigung an den Schablonen *q* eingeschlagenen Nägel *s* werden herausgezogen, so daß die Wand abgenommen und von der äußeren Seite verputzt werden kann. Sind auf diese Art alle vier Wände *d* und *e* zusammengebaut, werden sie genau nach Modellaufriß zugeschnitten, aneinandergepaßt, zusammengeleimt und verschraubt, so daß das Modell im Rohbau fertig ist.

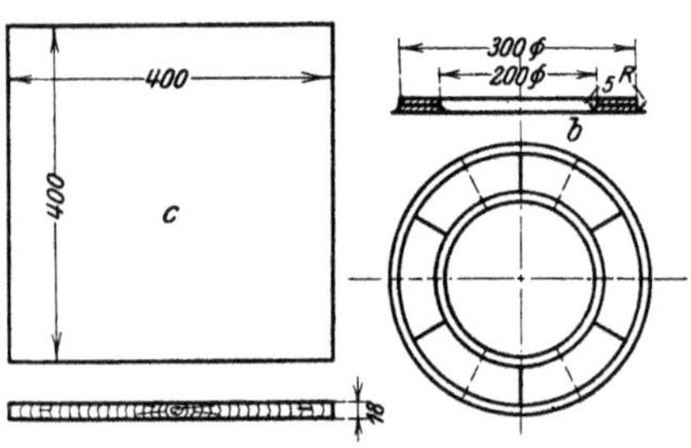

Abb. 81. Oberer Boden.

Abb. 81 zeigt den oberen Boden *c*, 400 mm im Quadrat, 18 mm dick und den aus zwei Ringen zu je sechs Segmenten verleimten Ring *b*.

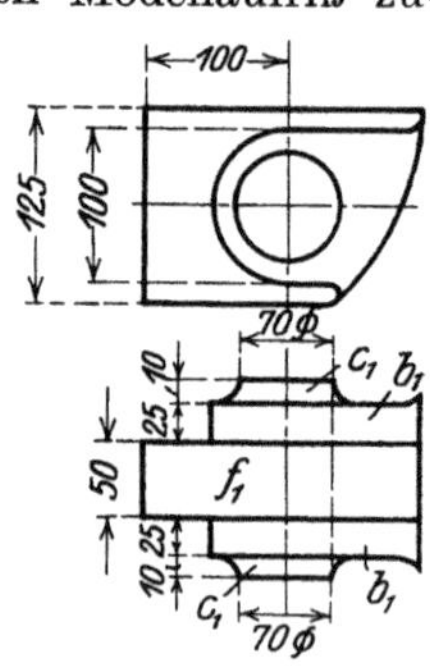

Abb. 82. Lager als Modelleinzelteil.

Um dem Modell auch unten einen festen Halt zu geben, wird der ganze Kasten in einen zusammengeschlitzten Rahmen *i* (Abb. 78) eingebaut. Ist das Modell allseitig verputzt, so reißt der Modellbauer mit dem Parallelreißer die Mittellinie *m*—*m* (Abb. 78) des Lagers Abb. 82 an und zeichnet an den vier Seiten die Öffnungen *a* auf. Die vier Schraubenwarzen *g* müssen nach den gegebenen Stichmaßen angepaßt werden, die vier Kernmarken *h* bekommen 35/33 mm Durchmesser und ∼ 30 mm

Länge. Das Lager muß am Modell abnehmbar befestigt werden und wird deshalb angeschraubt (Abb. 78 u. 85). Abb. 83 zeigt den zweiteiligen Kernkasten zum Lagerkern f_1 und den aufgestampften Kern K selbst.

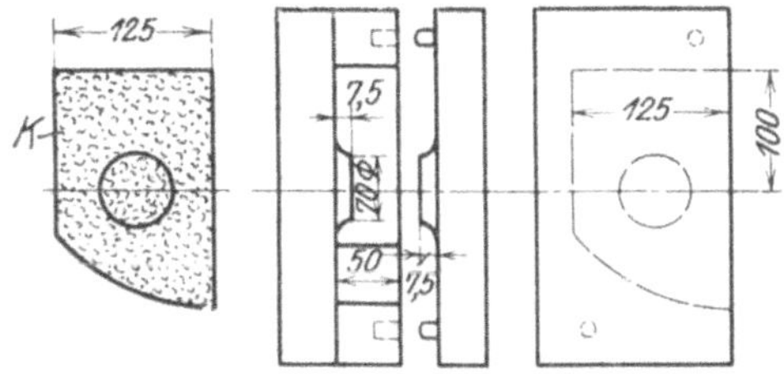

Abb. 83. Lagerkernkasten.

Abb. 84 deutet den aufgestampften Oberkasten mit anhängendem Ballen A an, Abb. 85 den fertigen Unterkasten mit aufgeschnallten Kernen a. Zum Aufschnallen muß der Modellbauer dem Former eine Kernschale anfertigen, mit der Öffnung gleich dem Kern a und mit einer Führung, die dem Former Sicherheit gibt, daß die Kerne in gleichmäßiger Höhe von der Unter- bzw. Oberkante der Form angebracht werden. Abb. 86 gibt diese Kernschnalle wieder.

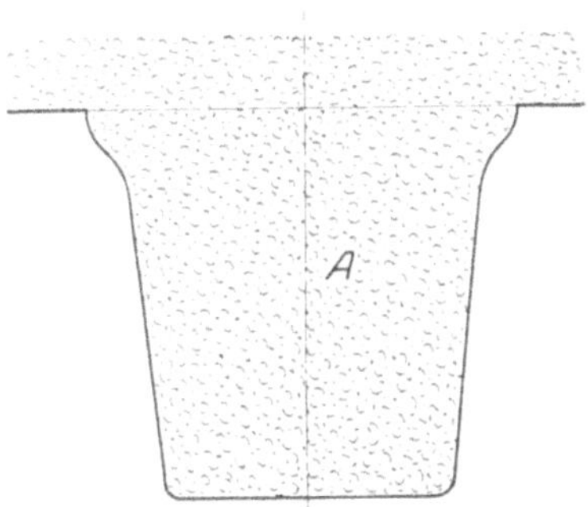

Abb. 84. Oberkastenballen.

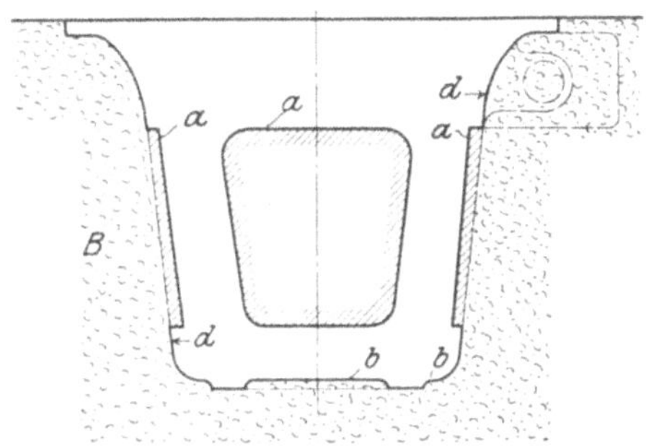

Abb. 85. Schnitt durch den Unterkasten (Herd).

Der übereinandergeplattete Rahmen v hat eine Dicke von 18 mm gleich der Wandstärke. Ist nun das Modell eingeformt, so wird der Oberkasten abgehoben und das dann freiliegende Modell, nachdem die Schrauben für das Lager d (Abb. 85) herausgeschraubt sind, aus dem Unterkasten herausgenommen. Dann wird das Lager seitlich eingezogen, und der Former kann an das Aufschnallen der Kerne gehen. Er setzt seinen Rahmen v in die Form ein, und zwar so, daß die Flächen d_1 an den vier Flächen d der Form (Abb. 85) anliegen, und daß die Kante b_1 auf der Fläche b der Form aufsitzt. Die äußere Schräge der Kernschablone entspricht genau der Schräge des Modells, so daß der Rahmen auch seitlich gesichert ist.

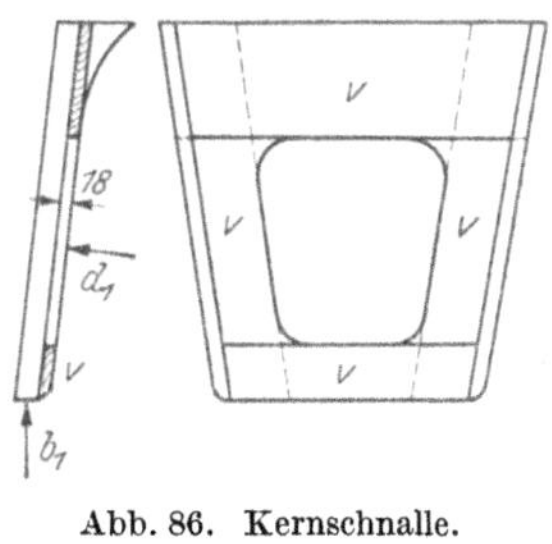

Abb. 86. Kernschnalle.

13. Führungslager (Abb. 87···94). Dieses Modell wird nach Abb. 88 als zweiteiliges Modell gebaut, die Trennfuge liegt auf der Mittellinie x. Der Formrichtung entsprechend sind die Kernmarken A und B stark verjüngt, die schraffierte Ecke C ist eine „Kernsicherung (-Arretierung)“ mit dem Zweck, ein Verwechseln der beiden Kerne A und B beim Einlegen in die Form zu verhüten, denn die Oberkastenkernmarke D ist 20 mm niedriger als die Unterkastenkernmarke E, weil der Kern im Oberkasten nur eine kurze Führung braucht. Die vier Schraubenwarzen F sind nicht am Modell angeleimt, sondern nur durch die Schwalbenschwanzführungen G am Modell befestigt, können also in der Form nicht verstampft werden. Beim Ausheben der Modellhälften bleiben die Warzen mit ihren Schwalbenschwänzen in der Form sitzen und werden nachher seitlich eingezogen. Auch die Kernmarke *H* ist nach zwei Seiten verjüngt und dient

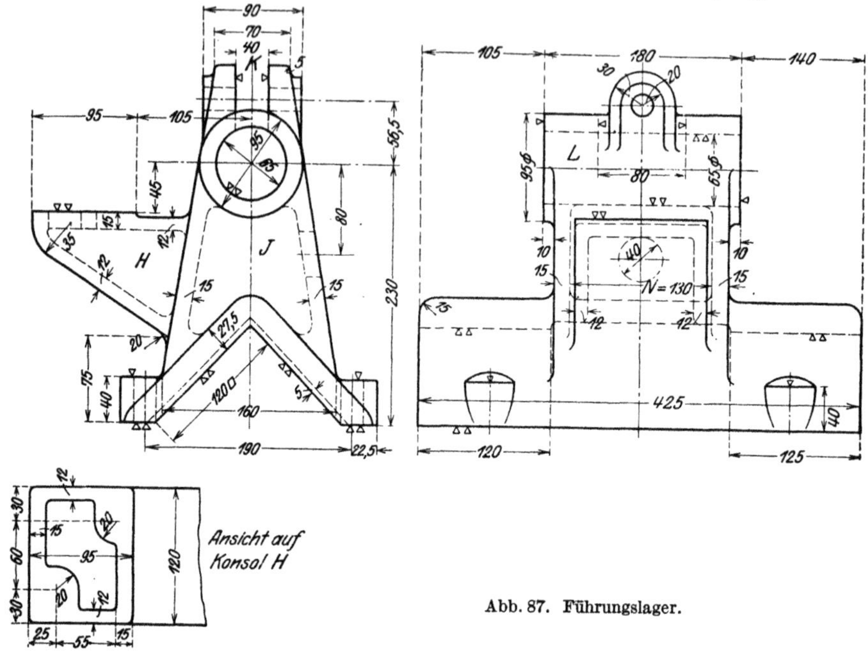

Abb. 87. Führungslager.

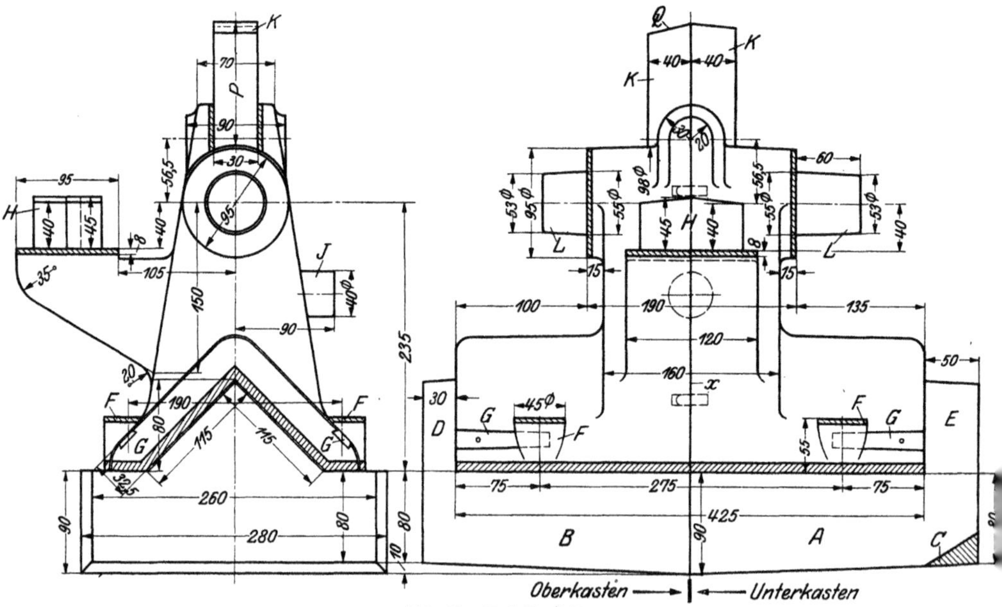

Abb. 88. Modellaufriß.

dem Konsolkern *H* (Abb. 91) als Auflage und Führung. Kernmarke *J* läßt beim Gießen die Luft aus dem Hauptkern entweichen, das Kernloch *J* selbst dient zum Ausstoßen des Kernsandes aus dem Gußstück. Kern *K* ist Schlitzkern für das Gabellager *K* (Abb. 87 und 94). Kernmarken *L* dienen zur Aufnahme des Bohrungskernes *L*. Alle Bearbeitungszugaben sind durch Schraffur gekennzeichnet. Zur Herstellung dieses Werkstückes werden mithin die sechs Kerne *A*, *B*, *H*, *J*, *K* und *L* benötigt.

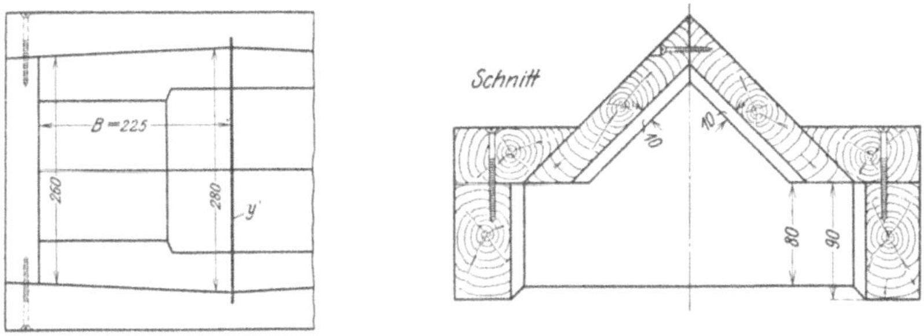

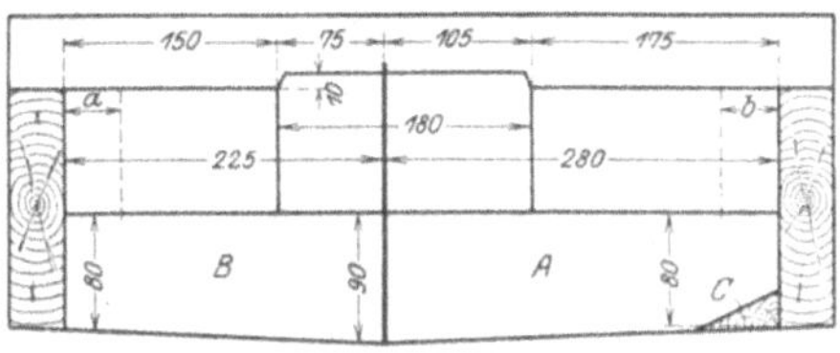

Abb. 89. Kernkasten zu den Kernen *A* und *B*.

In Abb. 89 sind die beiden Kerne *A* und *B* in einem Kernkasten vereint. Man trennt sie, indem man ein Stück Blech *y* in den Kernkasten einsetzt. Es wäre unzweckmäßig, den geteilten Kern (*A* und *B*) als ein Stück in die Form einzusetzen, denn dann müßte der Former den Oberkasten über den Kern *B* führen, was immerhin mit Schwierigkeiten verknüpft ist. Die Kernhälfte *A* wird also für sich in den Unterkasten eingesetzt, während die Kernhälfte *B* im Oberkasten befestigt wird, damit sie beim Aufsetzen des Oberkastens auf den Unterkasten festhängt. Rechts in Abb. 89 ist ein Schnitt durch den Kernkasten in etwas größerem Maßstabe gezeichnet. Abb. 90 zeigt den Kernkasten und dessen Zusammenbau zum Kern *H*. Der schraffierte Teil H_1 hat Führungsdübel, denn dieser Teil muß zum Herausnehmen des aufgestampften Kernes aus dem Kernkasten lose bleiben. Der fertige Kern bekommt seine Führung und Auflage durch die Kernlagerung *H* (Abb. 88) und muß als freitragender[1] Kern noch durch Kernstützen in der Form abgestützt werden.

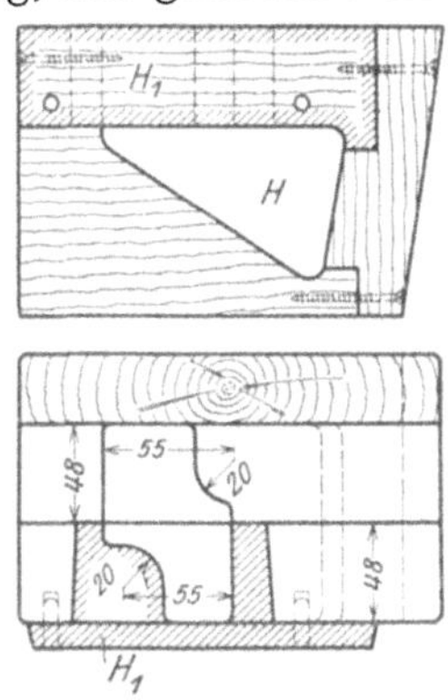

Abb. 90. Kernkasten zum Kern *H*.

Auch der Kern *J* (Abb. 92 und 93) ist freitragend, liegt also nur einseitig[1] auf und muß ebenfalls innerhalb der Form auf Kernstützen gelagert werden. Beim Kernkasten zu diesem Kern *J* (Abb. 92) muß man den schraffierten Teil J_1 im Kernkasten aufdübeln und abnehmbar anbringen, um auch

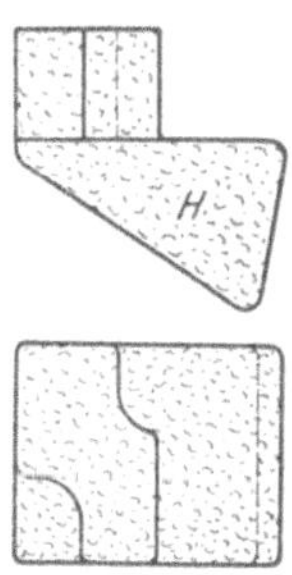

Abb. 91. Kern *H*.

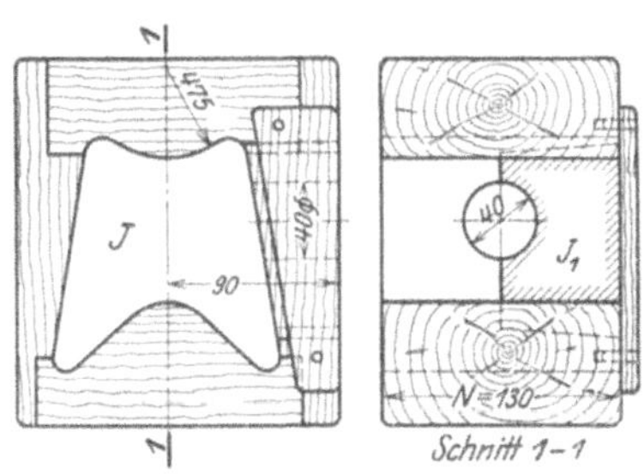

Abb. 92. Kernkasten zum Kern *J*.

[1]) Mit Rücksicht auf das Formen hätte der Gestalter gut daran getan, die Räume *H* und *J* (Abb. 87) durch eine große Öffnung miteinander zu verbinden.

hier den aufgestampften Kern aus dem Kernkasten entfernen zu können. Das Maß $N = 130$ mm entspricht dem Maß N Abb. 87.

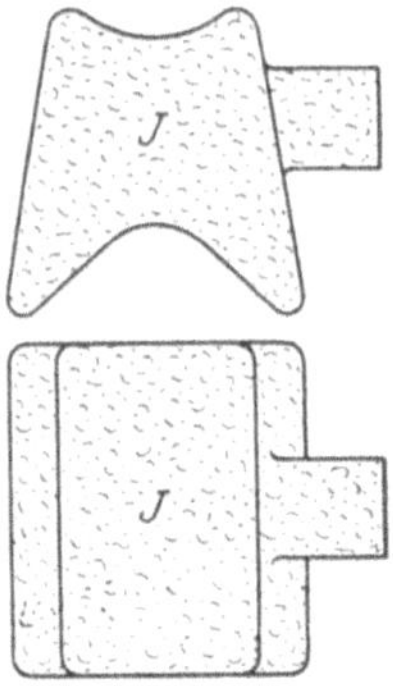

Abb. 93. Kern *J*.

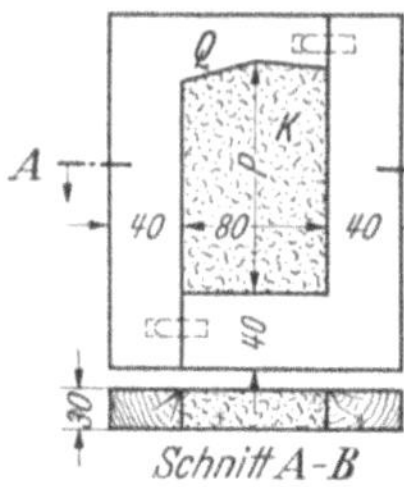

Abb. 94. Kernkasten zum Kern *K*.

Abb. 94 zeigt den Kernkasten mit dem aufgestampften Gabelkern *K*; Maß *P* und Schräge *Q* entsprechen der Abb. 88. Der Kernkasten selbst ist ein aus zwei Winkeln zusammengedübelter Rahmen. Der Bohrungskern *L* ist ein auf der Kernformmaschine hergestellter glatter runder Kern, welchen der Former an beiden Enden auf der Kernanspitzmaschine verjüngen muß.

14. Ablaßventil[1] (Abb. 95···102). An diesem Beispiel soll gezeigt werden, wie der Modellbauer dem Former die Arbeit erleichtern kann, selbst auf die Gefahr hin, daß die Modellkosten sich erhöhen. Durch die Arbeitserleichterung und die Verhütung von Ausschuß werden die Gesamtkosten voraussichtlich niedriger. Abb. 95 zeigt die Werkstattzeichnung. Der Modellbauer wird die Öffnungen *i* der Gabelstütze in Natur ausführen, den Bund *b* am seitlichen Stutzen zum Einziehen in die Form anstecken, den Gabelschlitz *g* mittels Kern herstellen und auch für den Bohrungskern einen Kernkasten mitliefern. Nun kann man aus wirtschaftlichen Gründen, wenn es sich um Plattenmodelle für Formmaschinen handelt, leichter einen größeren Betrag auswerfen als bei Modellen für Einzelabgüsse und für die Handformerei. Man kann hier zwei Möglichkeiten des Modellaufbaues wählen. Entweder man läßt den Bundring *b* am seitlichen Stutzenmodell Abb. 97 lose, oder aber man verlegt den ganzen seitlichen Stutzen in einen Kern, wie der Modellaufriß Abb. 96 zeigt. Wenn der Modellbauer den Bundring *b* am Modell ansteckt, so ist das Ein-

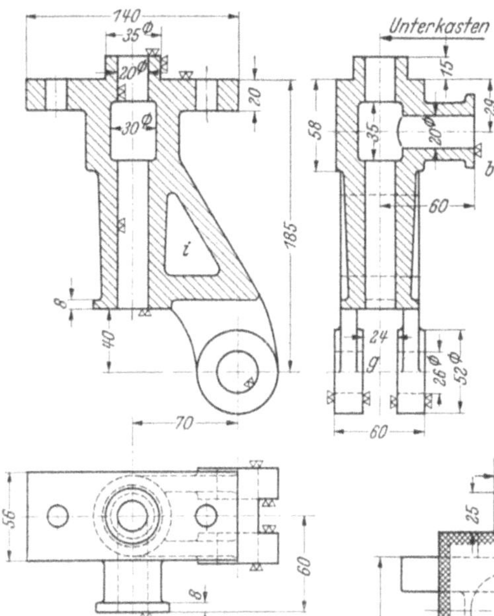

Abb. 95. Ablaßventil.

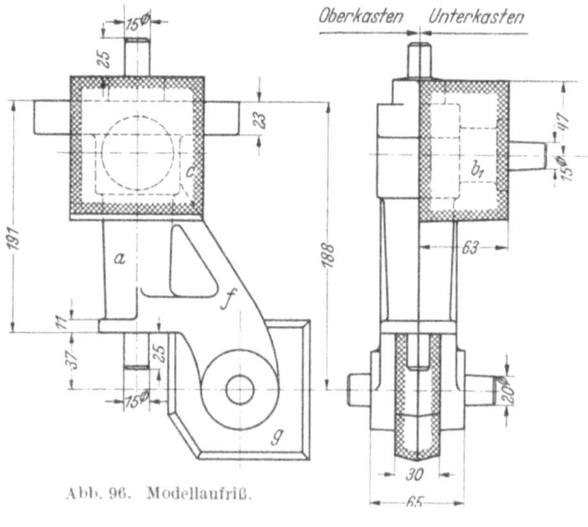

Abb. 96. Modellaufriß.

[1] Vgl. die Z. ges. Gieß.-Prax. Jg. 1936 Nr. 51/52.

ziehen der Einzelteile des Bundringes doch auch für den Former mit gewissen Schwierigkeiten verknüpft. Die untere Modellhälfte a_1 (Abb. 97) wird mit dem Stutzen b_1 und der daransitzenden Kernmarke l in der Pfeilrichtung A aus der Form genommen, der geteilte Ring b bleibt im Unterkasten liegen, und die einzelnen Segmente k müssen erst in der Richtung B seitlich eingezogen und in der Pfeilrichtung A aus dem Unterkasten entfernt werden. Der Former muß also zuerst das Segment m einziehen, wobei das Längsmaß d natürlich nicht größer als der Durchmesser d_1 sein darf; das gilt für alle Segmente k, da diese sonst nicht aus der Form zu entfernen sind. Diese Arbeit ist für den Former mit verschiedenen Nachteilen verknüpft, denn es ist sehr schwer, erst die Segmentstückchen k ein- und dann hochzuziehen. Ferner werden diese kleinen Modellteile sicher sehr oft verlorengehen, und in Leichtmetall kann man sie auch nicht herstellen, weil man sie dann noch schlechter aus der Form bekommt.

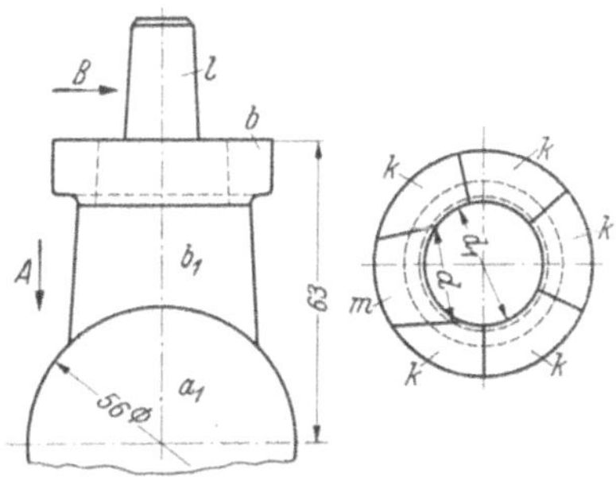

Abb. 97. Stutzenmodell.

Abb. 96 zeigt den Modellaufriß mit einer für den Former viel leichteren Formart. Hier liegt der Stutzen b_1 im Kern, der Former hat also ein viel besseres Arbeiten, allerdings ist Grundbedingung, daß der mitgelieferte Kernkasten nach Abb. 98 ganz genau stimmt, denn sonst gibt es Fehlabgüsse oder aber sehr unsaubere Stellen. Wenn es sich hier auch um ein nicht gerade schweres Modell handelt, so besteht es doch aus sehr vielen Einzelteilen (Abb. 99—101). Das Gabelstück f (Abb. 100) wird an den zylindrischen Modellkörper a Abb. 99 angesetzt. Weiter zeigt Abb. 101 die Gabelkernmarke g und den Kernkasten hierzu. Abb. 102 stellt den Kernkasten für den Hauptbohrungskern dar.

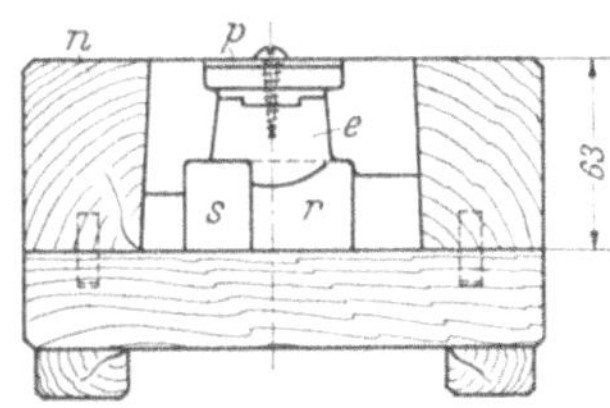

Abb. 98. Stutzenkernkasten.

Der Modellaufbau nach dem Modellaufriß Abb. 96 erfordert etwas Geschicklichkeit. Sobald der mit Papier verleimte Teil a (Abb. 99) gedreht ist, wird er geteilt und auf die eine Modellhälfte der Kernklotz c, wie an a schraffiert angegeben, aufgepaßt. Wenn der im Umfang etwas größer zugerichtete Teil c genau aufgepaßt ist, wird er aufgeschraubt und dann erst seine Mitte und sein äußerer Umriß angezeichnet. Darauf wird c losgeschraubt, nach Anriß fertig bearbeitet und, nachdem die Kernmarke d eingeleimt ist, aufgeleimt und wieder verschraubt. Etwas schwieriger ist das Anpassen der im Modell geteilten

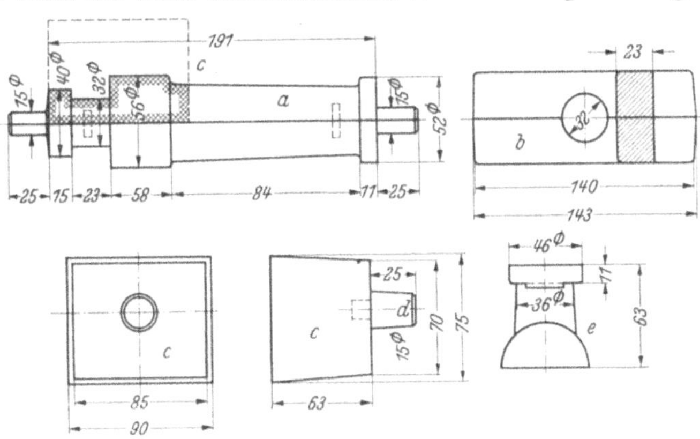

Abb. 99. Modelleinzelteile.

Gabel *f* (Abb. 96 und 100). Die Holzfasern der Gabelhälften müssen in der angegebenen Pfeilrichtung laufen. Auch hier wird man die beiden halben Lagen *f* größer zurichten, dann jede für sich sauber an den Modellhauptkörper anpassen und mit Papierfuge anleimen. Darauf setzt man die beiden Modellhälften zusammen, reißt erst die äußeren Umrisse der Gabel mittels Parallelreißer an, löst danach die beiden Teile *f* wieder, bearbeitet sie im Umriß und befestigt sie erst dann endgültig an dem geteilten Modellkörper. Die Kernmarkenhälften *g* (Abb. 101) werden, wie in Abb. 96 schraffiert angedeutet, in die Gabelhälften eingepaßt, eingeleimt und verschraubt.

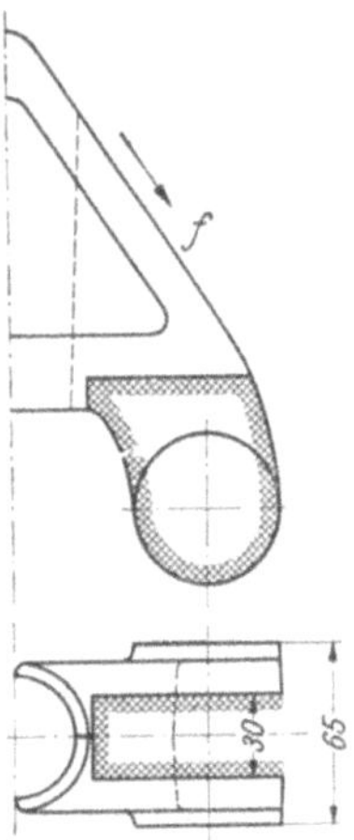

Abb. 100. Gabelstück.

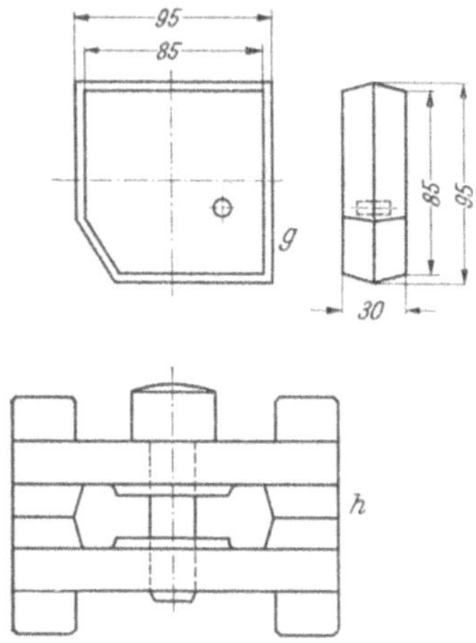

Abb. 101. Kernkasten zum Kern *g*.

Abb. 102 zeigt den Kernkasten für den Bohrungskern. Dieser Kernkasten besteht in jeder Hälfte aus den Teilen *t*, *u* und *v* und wird außen beiderseits durch die 15 mm starken Bretter *o* zusammengehalten. In Abb. 98 finden wir den Stutzenkernkasten. Wie schon erwähnt, muß dieser Kernkasten sehr genau gearbeitet sein. Der eingesetzte Modellteil *r* muß genau dem schraffierten Teil *c* in Abb. 99 entsprechen, denn die geringste Abweichung stellt die Brauchbarkeit der Abgüsse in Frage. Das Flanschenstück *s* (Abb. 98) muß ebenfalls im Kernkasten vorhanden sein, weil es ja im Modell durch die Kernmarke verdeckt wird. Kommen mehrere Abgüsse in Frage, so wird man den abnehmbaren Teil *p* am Stutzen *e* und die ganze Abstreichfläche des Kernkastens *n* mit Blech sauber beschlagen.

Diese Modellausführung mit Kern *c* wird natürlich teurer, als wenn der seitliche Stutzen ohne Kern hergestellt wird. Aber eines gilt für alle Arbeiten im Modellbau: Modelle und Kernkästen werden in der Regel nur einmal angefertigt, und das Mehr an Modellkosten tritt nur einmal in Erscheinung, das Mehr an Formerlohn aber mit jedem Abguß, und darum muß immer wieder auf formgerechte Modellarbeit hingewiesen werden, ganz gleich, ob es sich um ein Modell der Güteklasse 1 oder 3 handelt. Formgerechte und maßhaltige Arbeit wird bei jeder Modellgüteklasse verlangt.

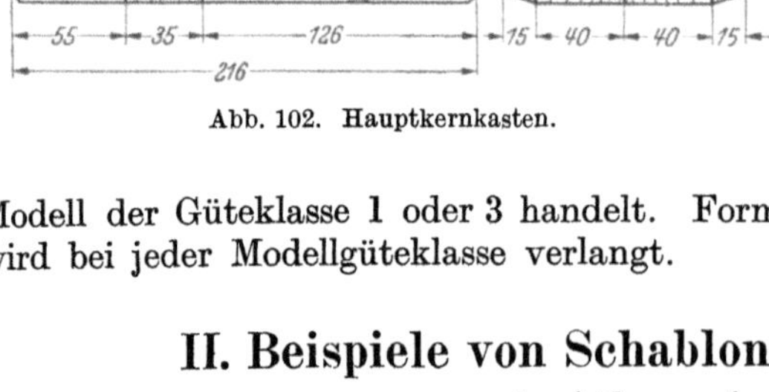

Abb. 102. Hauptkernkasten.

II. Beispiele von Schablonen zum Formen.

A. Allgemeines.

15. Arten des Schablonierens. Ebenso wie Kerne ohne Kernkasten nur mit Schablonen, also Lehren, gezogen werden können (s. I. Teil, Abb. 132 und 141), so können auch ganze Gußformen ohne Modell nur mit Hilfe von Schablonen hergestellt werden. Allerdings kommt man dann in den wenigsten Fällen mit einer Schablone aus, sondern braucht zuweilen eine ganze Anzahl, von denen jede einem anderen Teil des inneren oder äußeren Profils des Gußstückes entspricht.

Nicht alle Gußstücke lassen sich schablonieren, zum mindesten sind manche Formen und Abmessungen sehr wenig geeignet. Den Ausschlag jedoch, ob mit Modell oder Schablonen geformt werden soll, gibt die Anzahl der Abgüsse. Wird nur ein Abguß verlangt, so wird man bei geeigneter Form schablonieren, um die oft sehr hohen Modellkosten zu sparen; sind dagegen mehrere oder gar viele Abgüsse nötig, so wird man mit Modell einformen, denn die Formkosten sind beim Schablonieren oft sehr hoch, einmal weil viel Formarbeit nötig ist, und dann, weil diese Arbeit viel Geschick und Erfahrung verlangt, so daß nur die besten Former damit betraut werden können.

Nicht selten vereinigt man Modell- und Schablonenformerei, indem z. B. das Äußere oder doch einzelne Teile mit Modell geformt werden, das Innere, der Kern, dagegen mit Schablone. Auch eine Verbindung von Schablonenformerei mit in Kästen hergestellten Kernstücken kommt vor.

Es wird sowohl in Sand (Masse) wie in Lehm schabloniert, grundsätzlich in gleicher Weise. Beim Schablonieren in Sand geht man vielfach so vor, daß man zunächst das Innenprofil, also das Bett, für den Oberkasten schabloniert und dann, nachdem der Oberkasten fertig aufgestampft ist, aus dem Unterkasten die Wandstärke des Gußstückes abschabloniert. Beim Schablonieren in Lehm, der ein Aufstampfen nicht gestattet, werden dagegen Außenformen und Kern auch wohl unabhängig voneinander hergestellt.

Grundsätzlich kann man zwei Arten von Schablonieren unterscheiden, je nachdem das Gußstück ein Drehkörper ist oder mehr oder minder prismatisch. Im ersten Fall, dem bei weitem häufigsten, wird die Schablone um eine feststehende Achse gedreht, im zweiten Fall nach geraden oder gekrümmten Leitlinealen, Rahmen od. dgl., gearbeitet.

16. Die Schablonenspindel ist zum Schablonieren von Drehkörpern, das besonders vorteilhaft und allgemein üblich ist, das wichtigste Hilfsmittel. Sie besteht nach Abb. 103 aus der eigentlichen Spindel *a*, die in einer Weißmetallführung oder mit einem Kegel in einer entsprechenden Bohrung im Fuß *b* sitzt, und aus dem eigentlichen Schwenkarm *d*. Stellring *f* dient dazu, den Schwenkarm auf und nieder stellen zu können. Durch die Schlitze *g* steckt man die Schrauben zur Befestigung der Schablonen. Bei Schablonenarbeiten von einem größeren Durchmesser als etwa 2000 mm setzt man an das obere Ende der Spindel *a* noch einen Stellring mit einer Öse und verbindet ihn mit dem äußeren Ende des Spindelarmes *d* durch ein Drahtseil. Diese Verbindung gibt dem Schwenkarm einen festen Halt, so daß er sich durch das Gewicht des Schablonenbrettes nicht ausbiegen kann.

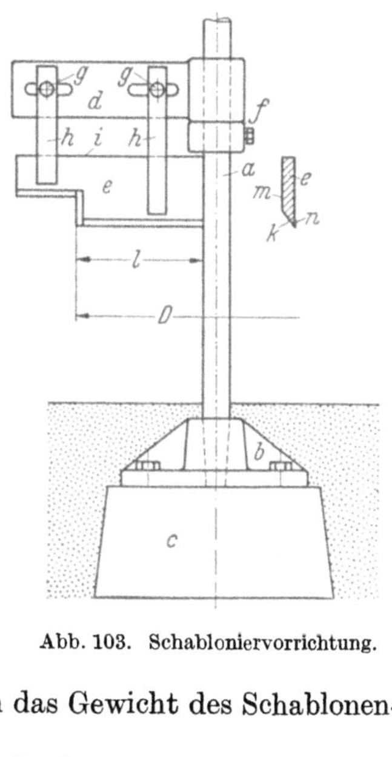

Abb. 103. Schabloniervorrichtung.

In der Regel ist der Fuß *b* auf einem Zementsockel *c* befestigt, der ausreichend tief (meist 50···60 cm) in den Gießereiboden (Gießereiherd) eingegraben ist. Die

Spindel *a* steht dann genau senkrecht, wenn der Schwenkarm in vier zueinander rechtwinkligen Stellungen genau in der Waage liegt.

17. Schablonen. Abb. 103 zeigt weiter eine Holzschablone *e*. Sie muß am Schwenkarm genau nach der Wasserwaage ausgerichtet werden. Dabei dient die Kante *i* als Auflagefläche, welche der Modellbauer beim Anreißen der Schablone auch als Anschlagfläche benutzen muß. Vielfach wird das als Schablone dienende Brett *e* auch ohne Leisten *h* unmittelbar am Schwenkarm *d* angeschraubt.

Als Spindelmitte ist stets die Achse der zu formenden Körper anzunehmen. Soll z. B. eine Fläche vom Durchmesser $D = 1000$ mm schabloniert werden, so ist das Maß *l* der Schablone, wenn die Spindel $a = 50$ mm ist, $1000/2—50/2 = 475$ mm auszuführen. In der Regel schreibt der Modellbauer die angenommene Spindelstärke mit schwarzer Farbe auf die Schablone auf, ebenso noch den größten Durchmesser des zu schablonierenden Gußstückes, in diesem Falle also $D = 1000$ mm.

Werden nun mit einer Schablone mehrere Gußstücke schabloniert, so empfiehlt es sich, die abgeschrägten Kanten *k* auf der Gegenseite *m* mit Blechstreifen *n* zu beschlagen, damit sich die scharfe Holzkante nicht so stark abnutzt und keine Ungenauigkeiten entstehen.

Wird eine Form ausschabloniert, so ist es Bedingung, daß eine Zeichnung mit in die Gießerei kommt, nach welcher der Former arbeiten kann, jedoch keine Zusammenstellungszeichnung, sondern eine besonders angefertigte Teilzeichnung, auf der alle in Frage kommenden Maße angegeben sind.

18. Oval-Schabloniervorrichtung (Abb. 104 ··· 108). Bei der Herstellung ovaler Großgußstücke gibt es zwei Möglichkeiten: entweder man schabloniert die Form unter Benutzung eines Ziehrahmens aus oder aber, man verwendet eine geeignete Schabloniervorrichtung. Abb. 104 zeigt die Werkstattzeichnung zu einem ovalen Fundamentring. Selbst wenn man von diesem Gußstück einige Abgüsse benötigte, wäre es wohl unwirtschaftlich, ein Modell herzustellen. Will man nun die Form mittels Rahmen ausschablonieren, so wird hierzu ein Rahmen *b* nach Abb. 105 und ein Lehrenbrett *c* nach Abb. 106 benötigt.

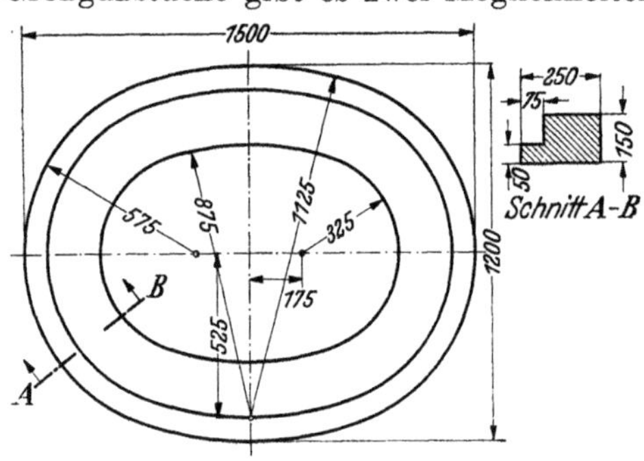

Abb. 104. Ovaler Fundamentring.

Wie Abb. 105 zeigt, entspricht die ovale Öffnung im Rahmen der äußeren Form des Gußstückes. Nach Abb. 106 schabloniert der Former also den Querschnitt des Gußstückes aus dem Gießereiherd aus und deckt dann den Herd mit einem glatten Oberkasten ab, in welchem die Einguß- und Steigtrichter angeschnitten sind. Aber für einen Einzelabguß wären die Modellkosten immer noch hoch genug, und die meisten Gießereien werden sich entweder eigens konstruierter oder gekaufter Oval-Schabloniervorrichtungen bedienen. Abb. 107 zeigt die Draufsicht auf eine Oval-Schabloniervorrichtung. Bei dieser Vorrichtung wird nach dem „Gärtnerprinzip“ gearbeitet, denn auch der Gärtner

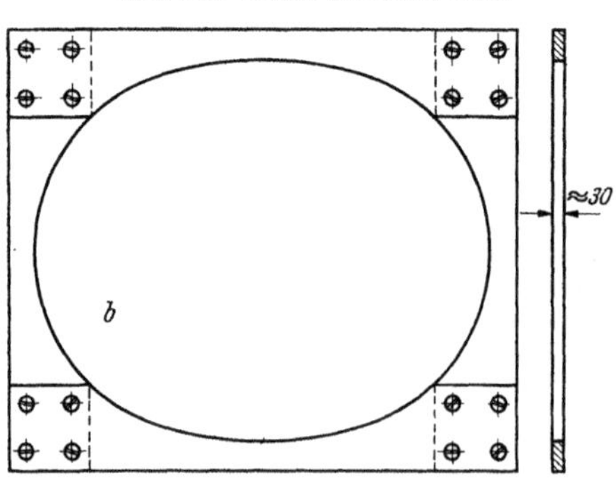

Abb. 105. Ziehrahmen.

arbeitet beim Herstellen ovaler Beete bekanntlich mit vier Hölzern und einer Leine. Je nach der Art der Oval-Schabloniervorrichtungen kann man sehr an Modellkosten sparen. Die Oval-Schabloniervorrichtung *d* (Abb. 107) wird, wie Abb. 108 zeigt, auf die im Spindelfuß sitzende Spindel *a* aufgesetzt und mit der Stellschraube *e* befestigt. Die Spindel muß bei einer Oval-Schabloniervorrichtung genau über Kreuz angekörnt sein. Man kann bei der in Abb. 107 und 108 wiedergegebenen Vorrichtung mit einem oder zwei Bolzen arbeiten, nur müssen die Führungsbolzen jeweils auf das Stichmaß (in diesem Falle auf 175 bzw. 525 mm) eingestellt werden. Abb. 108 zeigt den Schwenkarm *f* auf den Führungsbolzen *g* aufgesetzt. Dieser Schwenkarm besitzt einen Schieber *h*, welcher in einer Prismenführung läuft, so daß das Lehrenbrett *i* in der waagerechten Richtung verstellt werden kann. Am vorderen Ende besitzt der Schieber *h* einen Anschlag, so daß das Lehrenbrett *i* immer genau lotrecht zu sitzen kommt. Am hinteren Ende befindet sich noch ein senkrechter Schlitz, damit die Möglichkeit besteht, das Lehrenbrett *i* auch in senkrechter Richtung zu verstellen.

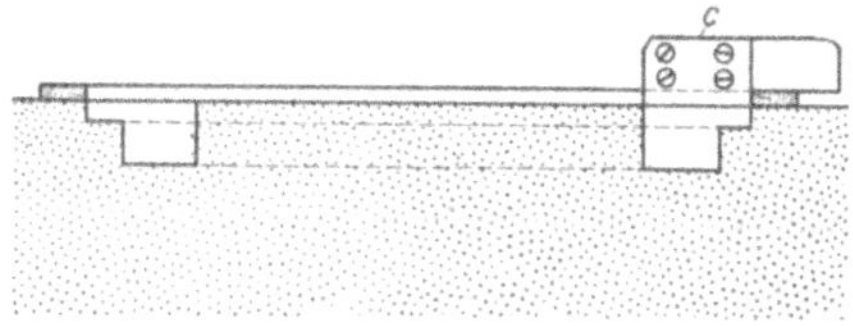

Abb. 106. Ausziehen der Form mittels Ziehrahmen

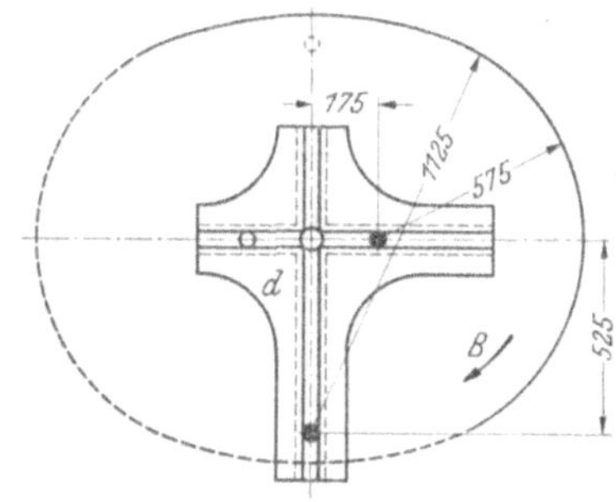

Abb. 107. Ovalschabloniervorrichtung.

Mit dieser Vorrichtung geht nun die Herstellung der Form zum Gußstück nach Abb. 104 wie folgt vor sich: Nachdem der Former die Führungsplatte *d* (Abb. 108) auf die Spindel *a* aufgesetzt hat, wird der Bolzen *g* eingeführt, der Spindelarm *f* über den Bolzen *g* gesetzt und dann der Bolzen auf das Maß 175 oder 525 mm festgeschraubt. Nunmehr muß das Lehrenbrett *i* an dem Schieber *h* befestigt und richtig eingestellt werden. Man hat also durch den Schieber *h* die Möglichkeit, auch hier noch in beschränktem Maße einzustellen. Die Vertiefung wird dann durch Absenken des Lehrenbrettes allmählich ausschabloniert, bis die Führungskante *k* auf dem geebneten Herd aufläuft.

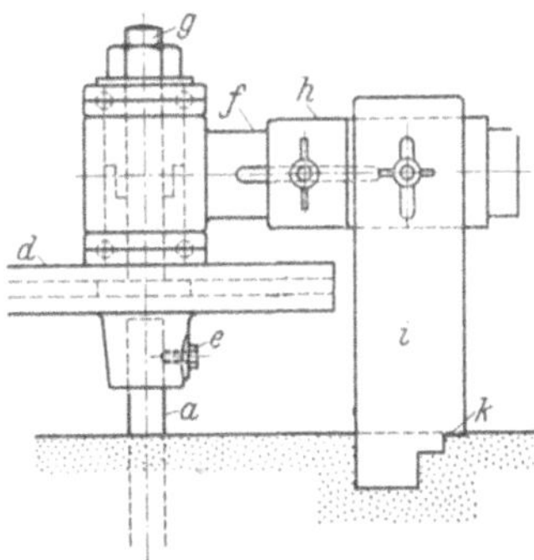

Abb. 108. Ausziehen der Form mittels Ovalschabloniervorrichtung.

Je nach der Größe der Form kann man gezwungen sein, zuerst die eine Formhälfte, wie Abb. 107 ausgezogen zeigt, auszuschablonieren, dann die Führung in der Pfeilrichtung *B* um 180 Grad zu drehen und die andere Hälfte, wie punktiert gezeichnet, auszuschablonieren. Die Ungleichheit der Schenkel hat ihren Grund darin, daß man bei kleineren Formen mit dem Lehrenbrett halbteilig arbeiten kann.

B. Schablonieren in Sand.

19. Fundamentring (Abb. 109···112). Um keine unnötigen Modellkosten zu haben, wird man $^1/_6$ Kerne herstellen, im übrigen den Ring in Sand schablonieren. Im Modellaufriß (Abb. 110) stellt der schraffierte Teil den Kern dar. Zum

Schablonieren dieses Ringes muß der Modellbauer zwei Schablonen und ein Stück Segmentkernkasten anfertigen, bei einem Kerndurchmesser von 1400 mm dürfte $^1/_6$ Kern angebracht sein.

Abb. 111 zeigt die beiden Lehrenbretter *a* und *b*. Die senkrechte Linie ist die Spindelachse. Zum Ausschablonieren des Ringes verfährt man auf folgende

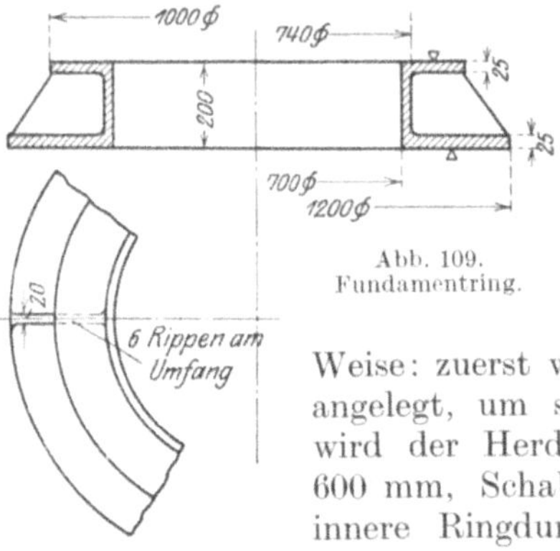

Abb. 109. Fundamentring.

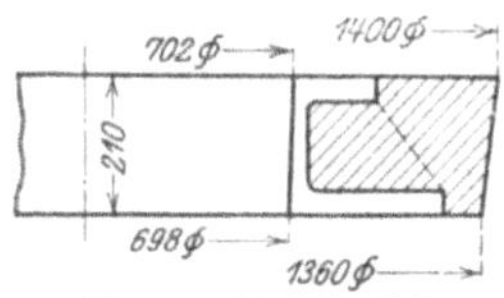

Abb. 110. Modellaufriß.

Weise: zuerst wird die Spindel gestellt und ein Koksbett *A* angelegt, um später die Luft abführen zu können. Dann wird der Herd *B* aufgestampft in einer Höhe von rund 600 mm, Schablone *a* am Spindelarm befestigt und der innere Ringdurchmesser ausgedreht. Nachdem dann das Innere sowie der Herd mit Streusand abgestäubt sind, wird der Oberkasten aufgesetzt und der ausschablonierte Ballen mit dem Oberkasten aufgestampft. Damit sich der Ballen gut aushebt, hat der Modellbauer die Schablone abgeschrägt, und zwar von 698 auf 702 mm Durchmesser. Nachdem der Oberkasten abgehoben ist, wird Schablone *b* am Spindelarm befestigt und nun die äußere Form im Herd ausschabloniert. Die richtige äußere Form des Ringes wird durch die Kerne (Abb. 112) hergestellt, wobei man in der Praxis das Sechstel stets mindestens 2 mm kürzer macht, damit dem Former beim Einlegen der Kerne keine Schwierigkeiten entstehen, die er durch Abfeilen der einzelnen Kerne beheben müßte. Der Kernkasten ist zweiteilig. Der obere lose Deckel ist mit dem Flanschstück *i* verbunden. Die scharfe Kante *o* des Kernes wird hinterher mit einer Schablone abgerundet. Bedingung für den Modellbauer ist, beim Kernkasten alle Halbmesser genau nach Modellaufriß einzuhalten, weil, wie schon erwähnt, durch das Einlegen der sechs Segmentkerne erst die eigentliche Form entsteht. Ein Modell gleicher Konstruktion, jedoch von geringerem Durchmesser, würde man ohne Kern herstellen und dieses Naturmodell dann in drei Kästen formen. Es führen also auch hier verschiedene Wege zum Ziel.

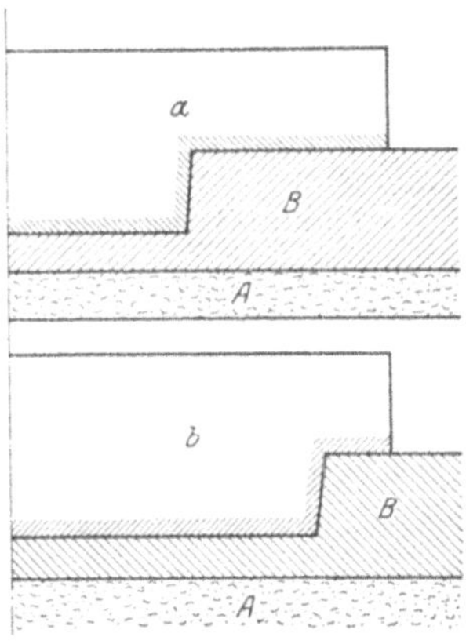

Abb. 111. Lehrenbretter zum Ausziehen der Form.

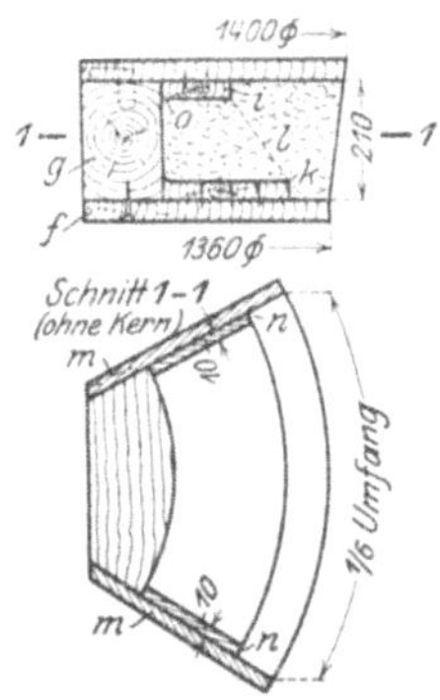

Abb. 112. Kernkasten für die Segmentkerne.

20. Grundplatte (Abb. 113⋯116). Derartige Grundplatten werden meistens schabloniert. Die Arbeit dazu ist verhältnismäßig sehr einfach.

Der Modellbauer fertigt dem Former einen Rahmen *B* (Abb. 114) an. Dieser Rahmen wird auf den glatten Gießereiboden aufgesetzt, und der Former zieht mit der Schablone *A* (Abb. 115), die an der äußeren Kante *C* des Rahmens geführt ist, entlang, um das äußere Profil der Grundplatte zu erhalten.

Ist dieser Ballen aufgezogen, so zeichnet der Former auf der Oberfläche alle

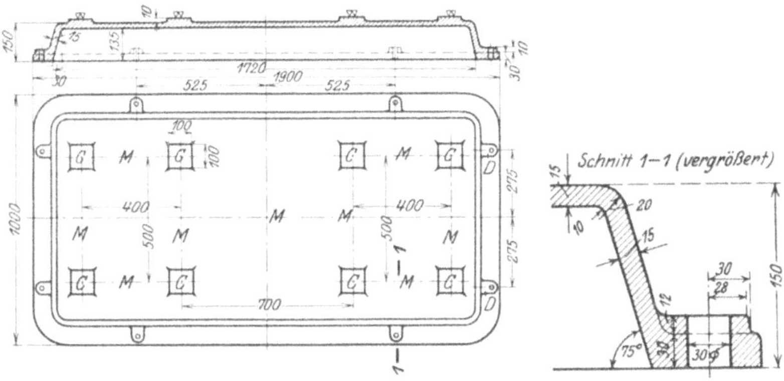

Abb. 113. Grundplatte.

Mittellinien *M* (Abb. 113) und setzt die Modelle der acht Arbeitsflächen *C* (Abb. 116), welche der Modellbauer anfertigt und mit Mittellinien versieht, auf die Oberfläche auf, genau nach den vorgeschriebenen Stichmaßen. Die acht Schraubenwarzen *D* mit Kernmarken *E* steckt er in die im Rahmen *B* (Abb. 114) vorgesehenen Zapfenlöcher *d* und setzt dann seinen Oberkasten auf, stampft ihn voll und deckt ab.

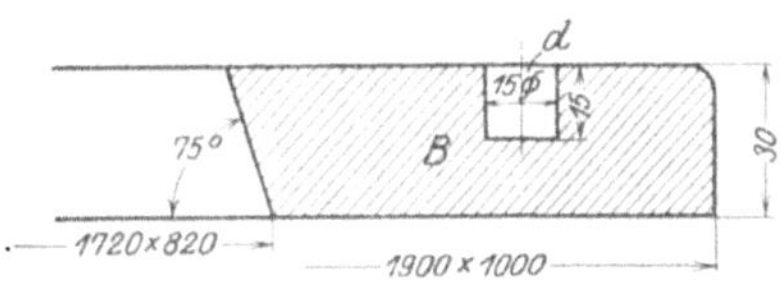

Nun wird mit der Fertigstellung des Unterkastens begonnen: sämtliche aufgesetzten Teile, also die acht Arbeitsflächen *C* sowie die Schraubenwarzen *D* mit Kernmarken *E* werden entfernt und der Former zieht mit Schablone *G* (Abb. 115) die Wandstärke von 15 mm ab, indem er nun mit dieser Schablone an der Kante *C* des Rahmens *B* entlang fährt. Der nicht mit der Schablone abgestrichene Teil *f* wird oben glatt abgestrichen, Rahmen *B* entfernt, und auch der Unterkasten ist fertig.

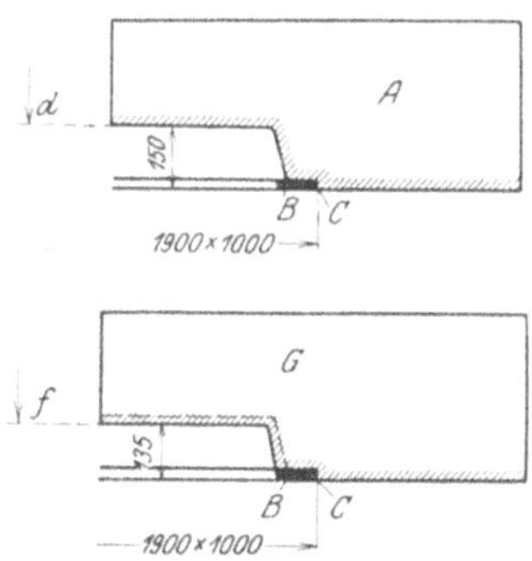

Abb. 115. Zugschablonen.

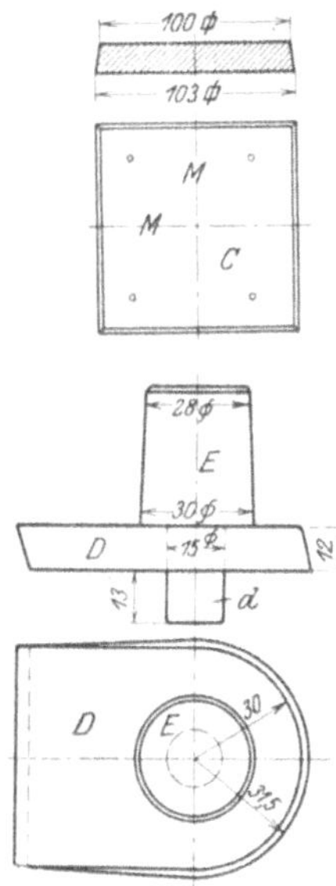

Abb. 116. Lose Modellteile.

21. Seiltrommel (Modellgüteklasse 3, Abb. 117···120). Das im Abschn. 7 angegebene Modell kommt für die Modellgüteklasse 3 nicht in Frage, sondern man wird für einen oder zwei Abgüsse die Form ausschablonieren, was sehr einfach ist. Zur Herstellung dieser Form muß der Modellbauer herstellen: ein Lehrenbrett *c* und eine Modellscheibe *b* (Abb. 117), ein Lehrenbrett *e* (Abb. 118), ein

Kernbrett *f* (Abb. 119), vier Kernmarken *E* (S. 14, Abb. 40), eine Pappschablone (Abb. 120) zum Einschneiden der vier Kernmarken in den Unterkasten und einen Kernkasten (Abb. 38, Seite 14).

Hergestellt wird die Form nach Abb. 117 und 118. Nachdem die Spindel *a*

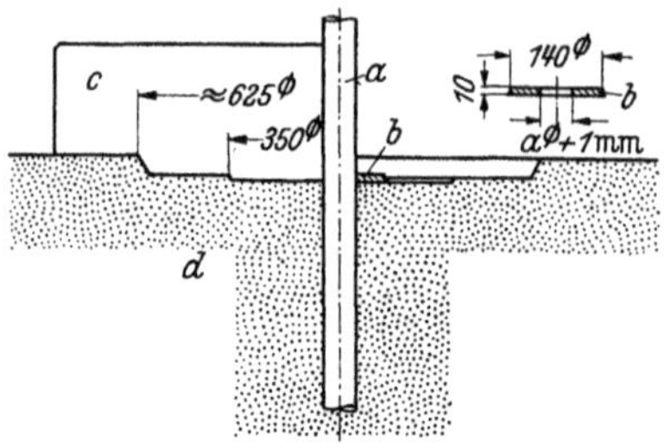

Abb. 117. Ausschablonieren des Herdes zu Seiltrommel Abb. 32 (Modellgüteklasse 3).

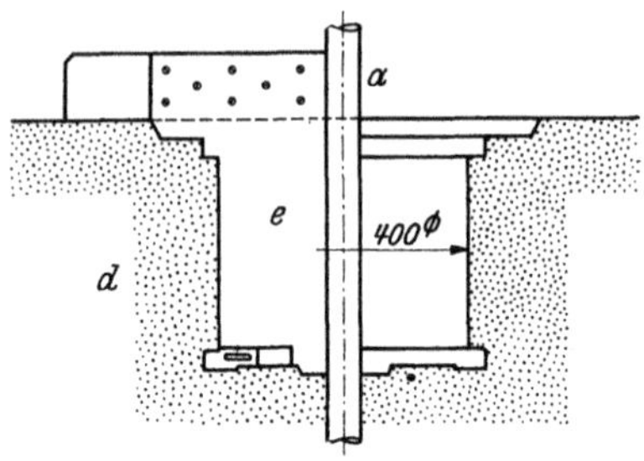

Abb. 118. Ausschablonieren des Herdes als Unterkasten.

richtig eingebaut ist, wird das Lehrenbrett *c* an dem Spindelarm befestigt und damit das Bett zum Aufstampfen des Oberkastens abgezogen. Nach dem Entfernen des Lehrenbrettes wird die Modellscheibe *b* für eine Nabe über die Spindel gesetzt, der geebnete Herd mit Trennsand bestreut und der Oberkasten aufgesetzt und aufgestampft, wobei die Trichter angesetzt werden. Nun wird der Oberkasten abgehoben und der Herd *d* (Abb. 118) mit dem Lehrenbrett *e* ausschabloniert. An dieser Schablone ist am unteren Ende ein Schieber angebracht, um dem Former die Arbeit, beim Hinterdrehen mit dem Lehrenbrett, etwas zu erleichtern. Ist der Herd *d* ausschabloniert und das Lehrenbrett *e* wieder entfernt, wird die Pappschablone (Abb. 120) über die Spindel gesetzt, und es werden in die Öffnungen *1*···*4* die vier Kernmarken *E* (Abb. 40, Seite 14) eingeschnitten, welche den Mantelkernen als Führung dienen. Dann wird die Spindel entfernt, die Mantelkerne und der Bohrungskern werden eingesetzt, und die Form zum Gießen fertig gemacht.

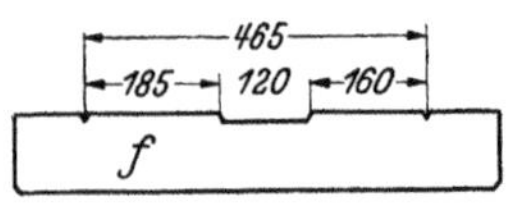

Abb. 119. Kernbrett zum Bohrungskern.

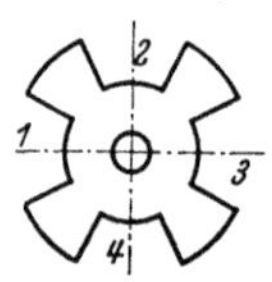

Abb. 120. Pappschablone zum Einschneiden der Kernmarken *E* Abb. 39.

22. Modellteile und Form zu einer Förderschnecke von 4000 mm Länge und 400 mm Durchmesser (Abb. 121···126). Im allgemeinen werden Schnecken von derartiger Länge im Maschinenbau ganz selten aus Gußeisen hergestellt, vielmehr wird man auf entsprechend langen Wellen Schneckengewinde aus Stahlblech mit Schneckenwinkeln befestigen. Da aber auch Schnecken aus Gußeisen, wenn auch selten in dieser Länge, vorkommen, so soll gezeigt werden, was der Modellbauer bei derartigen Schnecken in die Gießerei zu liefern hat und wie der Aufbau der Form dann vor sich geht. Schneckenmodelle mit größerem Durchmesser und über drei bis vier Gänge werden selten nach Modell geformt, da die Modellkosten in keinem Verhältnis zum Verkaufswert des Gußstückes stehen würden. Abb. 121 zeigt nun die Werkstattzeichnung zu genannter Schnecke. Die Nabe ist nur auf eine Länge von 800 mm massiv, während der

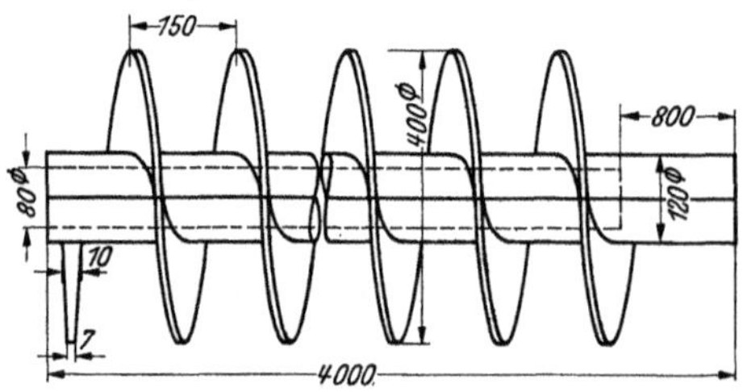

Abb. 121. Werkstattzeichnung zu einer Förderschnecke.

eigentliche Kern der Schnecke mit einer Bohrung von 80 mm versehen ist, die mit eingegossen werden muß. In Frage kommen drei Ausführungsmöglichkeiten.

a) Eine Vorrichtung zum Ausschablonieren der Gewindegänge der Schnecke zeigt Abb. 122 im Schema. Hierzu wird die Teilschablone *h*, eine Lehre, benutzt. Diese wird aus starkem Blech hergestellt, in einem Schlitz der Welle *c*

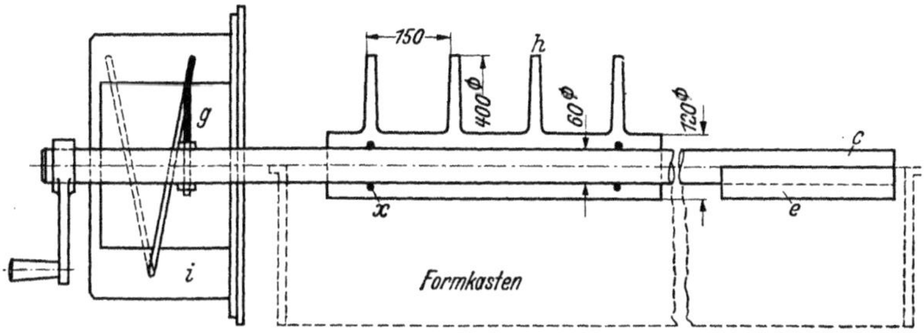

Abb. 122. Vorrichtung zum Ausschablonieren der Gewindegänge.

gehalten und durch vier Stifte *x* gesichert. Diese Lehre entspricht dem Längsschnitt der Schnecke nach Abb. 121, jedoch werden nur vier bis fünf Gänge benötigt. Weiter braucht der Former neben dieser Lehre noch eine Hälfte von dem Modell *e* (Abb. 123) — jedoch ohne die Scheiben e_1 — mit einer Bohrung von 60 mm Durchmesser als Lager für das freie Ende der Welle *c*. Der Modellteil *e* wird an einem Ende in den entsprechend langen Formkasten eingesetzt. An der anderen Stirnwand wird die Vorrichtung *i* (Abb. 122) befestigt, welche einen Führungsstift *g* und eine eingedrehte Nute entsprechend der Steigung der Schnecke besitzt. Die Spindel wird gedreht, der an der Spindel angebrachte Zapfen *g* (Abb. 122) führt sich in der Nute. Bei jeder halben Umdrehung der Spindel *c* werden also vier halbe Gewindegänge aus der halben Form ausgedreht. Bei der einen Formkastenhälfte gleitet der Zapfen *g* in dem ausgezogenen Teil der Führungsnut, während er bei der anderen Formkastenhälfte in dem punktierten Teil der Nut geführt wird. Sind auf diese Weise vier Gewindegänge ausschabloniert, so wird die Schablone *h* (Abb. 122) auf der Spindel versetzt, und zwar so, daß der letzte Schablonenzapfen *h* in den letzten ausschablonierten Gang eingesetzt wird usw., bis die Gesamtlänge der Schnecke modelliert ist. Diese Arbeit ist nicht nur sehr zeitraubend, sondern sie erfordert auch äußerst genaues Arbeiten des Formers und eine immerhin verwickelte Vorrichtung.

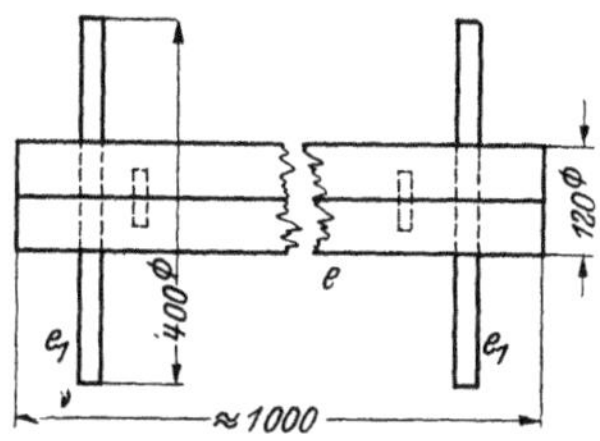

Abb. 123. Loser Modellteil *e*.

b) Man kann auch die beiden Formkästen, jeden für sich behandelt, über einem Teilmodell aufstampfen. Dieses Teilmodell[1] entspricht vier Gewindegängen der Abb. 121, nur muß das Modell, wenn es fertig ist, in der Mitte aufgeteilt und wieder zusammengedübelt werden. Abb. 124 zeigt den Schnitt durch den Formkasten *l*, welcher auf einen Aufstampfboden *m* aufgesetzt ist. Die Welle *n*, entsprechend länger als das herzustellende Gußstück, liegt in der Mitte des Aufstampfbodens *m*. Nun wird der halbe Modellteil auf die Welle aufgesetzt, d. h. an den eben-

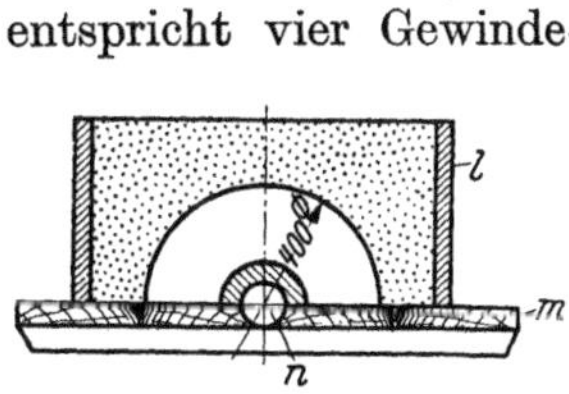

Abb. 124. Einsetzen von Modellteil *e* in den unteren Formkasten.

[1]) Schneckenmodellaufbau siehe Löwer: „Der Modellbau, die Modell- und Schablonenformerei", S. 114, Abb. 298/99. Berlin: Julius Springer, 1931.

falls eingelegten Modellschaft *e* (Abb. 123) angelegt und beide Teile zusammen eingestampft. Beim Ausheben muß das Schneckenmodell etwas gedreht werden, entsprechend dem Gewindegang. So wird stückweise die ganze Schneckenlänge von 4000 mm geformt. Diese Arbeit hat den Nachteil, daß jedesmal, wenn vier Gewindegänge aufgestampft sind, der Kasten gehoben, gewendet, der Modellteil wieder eingesetzt und die Form gestampft werden muß. Wenn man diese Arbeit an zwei Kästen und auf diese Länge berechnet, so kommen die Gestehungskosten ebenfalls sehr hoch.

c) Die dritte Ausführung ist nun einfacher und erfüllt denselben Zweck, ist auch wirtschaftlich tragbarer. Auch hierbei wird das gleiche zweiteilige Teil-

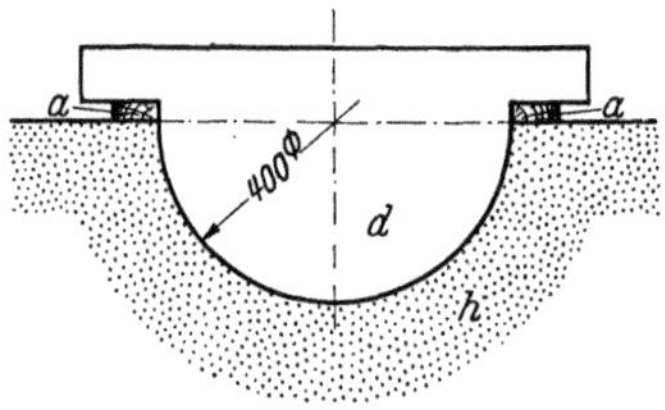

Abb. 125. Ausschablonieren des Herdes.

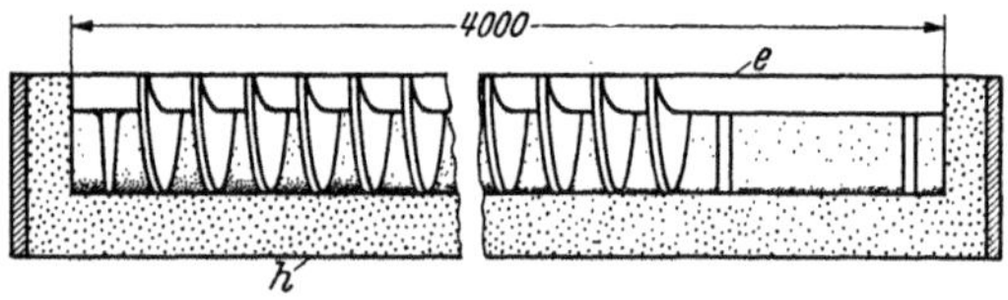

Abb. 126. Beistampfen des Teilmodells.

modell benötigt wie bei der zweiten Ausführung, nur ist der Arbeitsvorgang wieder etwas anders: Der Former nimmt zwei gut aufeinandergeführte Formkästen *h* (Abb. 125 u. 126), füllt eine Kastenhälfte wie gezeichnet auf und befestigt jeweils auf den oberen Flächen der beiden Formkastenhälften die beiden Richtleisten *a* (Abb. 125). Mit dem Lehrenbrett *d*, welches seine Führung zwischen den Leisten *a* hat, schabloniert der Former nun den Durchmesser der Schnecke, in diesem Falle 400 mm, aus dem Formkasten aus. Dann wird zunächst die eine Hälfte des Modellteils *e* (Abb. 123) in die ausschablonierte Öffnung eingelegt und eingestampft. Seine Führung erhält der eingelegte Modellteil *e* durch die beiden Scheiben e_1. Nun legt der Former wieder die eine Hälfte des Teilschneckenmodells, wie bei der vorigen Ausführung beschrieben, an den Teil *e* an und stampft durch Weiterlegen des Modells die Schnecke in ihrer ganzen Länge auf, wie Abb. 126 zeigt.

Die zuletzt geschilderte Ausführung der Form dürfte wohl die wirtschaftlichere sein. Die erste unter a dargestellte, etwas teure Ausführung dürfte sich sehr gut für Schnecken von größerem Durchmesser eignen.

23. Schalenförmiger Untersatz (Abb. 127···138). Es sollen hier zwei Arten der Formherstellung zum Gußstück nach Abb. 127 behandelt werden. Bei Lehrenarbeiten sollte kein Modellbauer so ohne weiteres selbständig arbeiten, denn auf diesem Gebiet führen viele Wege zum Ziel und auch die Einrichtung einer Gießerei muß berücksichtigt werden. An dem Gußstück sind zwischen dem unteren und dem oberen Flansch am Umfang in gleichen Abständen die Rippen *a* (im vorliegenden Falle 8 Rippen) eingesetzt. Abb. 128 zeigt den halben Modellaufriß mit der Bearbeitungszugabe von 5 mm ringsum, Abb. 129 den Schnitt durch die ausgegossene Form, wobei der kleine Flansch nach oben liegt. Die Herstellung der Form geht wie folgt vor sich: Der Unter-

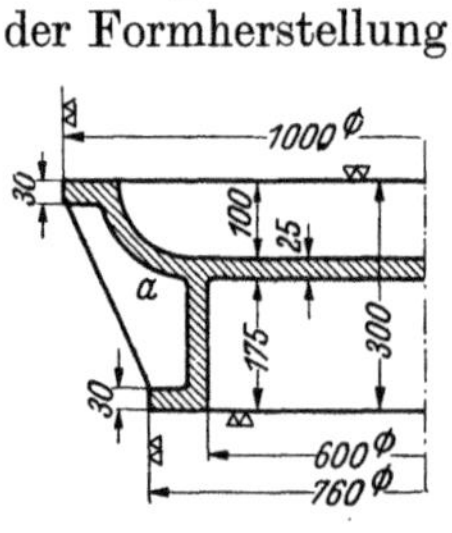

Abb. 127. Schalenförmiger Untersatz.

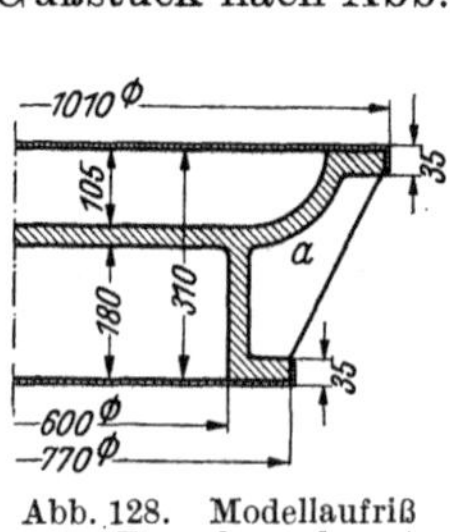

Abb. 128. Modellaufriß (großer Flansch nach unten gegossen).

kasten h wird genau über Mitte Spindel gesetzt, nach der Wasserwaage ausgerichtet und aufgestampft. Nun wird über Mitte Spindel auf den aufgestampften Unterkasten ein Blechzylinder von etwa 1000 mm l. W. genau zentrisch aufgesetzt und im Innern etwa 350 mm hoch aufgestampft. Dann wird der Blechmantel entfernt und der aufgestampfte Ballen mit dem Lehrenbrett l (Abb. 130) nach der äußeren Form des Gußstückes abschabloniert. Nunmehr werden die acht Rippenmodelle (Abb. 131) an den Ballen angesetzt und durch Formstifte gesichert. Danach wird der mittlere Kasten g (Abb. 129) auf den Unterkasten h aufgesetzt, eine dünne Lage Sand aufgefüllt und der eingezeichnete Rost, der mit vier Ösen zum Aufhängen und mit Aussparungen für die Rippen und Trichter versehen ist, eingelegt. An dem Rost werden je drei Vierkanteisen e, etwa 6 mm stark, welche zwischen die Rippen zu liegen kommen, befestigt, damit die Ballen zwischen den Rippen Halt bekommen. Beim Aufstampfen des Mantelkastens g werden die Formstifte aus den Rippen wieder entfernt. Nachdem der Mittelkasten glatt abschabloniert ist, wird der Durchmesser von 770 mm scharf angezeichnet und die Gießtrichter werden bis zur Oberkante des Mittelkastens g hochgezogen. Nun wird der Oberkasten c aufgesetzt, der Gießtrichter d hochgezogen, der Steigtrichter f gestellt und genau über Mitte Spindel ein Blechzylinder von etwa 300 mm l. W. gesetzt, der Oberkasten vollgestampft und abgehoben.

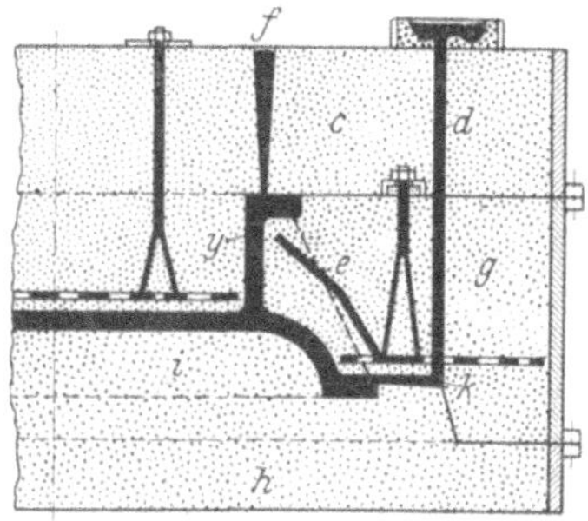

Abb. 129. Ausgegossene Form zu Abb. 128.

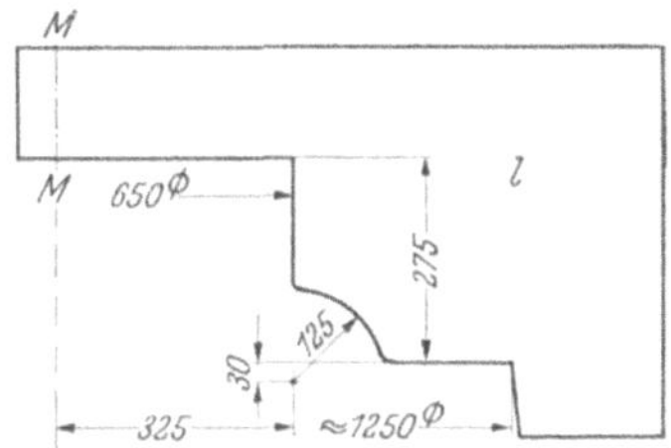

Abb. 130. Lehrenbrett l.

Mit dem Lehrenbrett m (Abb. 132), ohne den Ansatz p, wird im Mittelkasten g ein Hohlraum — etwas kegelig (600/605 mm) — ausgedreht und in den so entstandenen Hohlraum ein Lehmkern von 600 mm Durchmesser und etwa 200 mm Höhe (voller Boden) mit drei Ösen eingesetzt. Nun wird der Oberkasten wieder zugedeckt, der Lehmkern durch Hakenschrauben angehängt und dann der Oberkasten wieder abgehoben. Hierauf wird das Lehrenbrett m (Abb. 132) einschließlich Ansatz p an dem Spindelarm befestigt und mit diesem Lehrenbrett die Eisenstärke y (Abb. 129) mit dem kleinen Flansch (wie auf dem Lehrenbrett schraffiert gezeichnet) aus dem Mantelkasten g ausschabloniert. Die miteingestampften acht Rippenmodelle a (Abb. 127 und 131) dürfen nach innen nicht vorstehen, damit sie beim Ausschablonieren nicht hinderlich sind und der Former sie nicht zurückschlagen muß, wodurch ein unsauberer Abguß entstehen würde. Jetzt wird der Mantelkasten g entfernt, die acht Modellrippen aus dem Kasten eingezogen und der Kasten fertiggemacht.

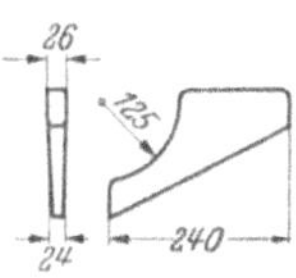

Abb. 131. Loses Rippenmodell.

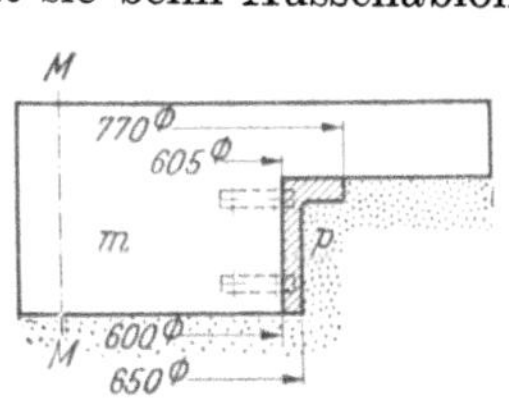

Abb. 132. Lehrenbrett m.

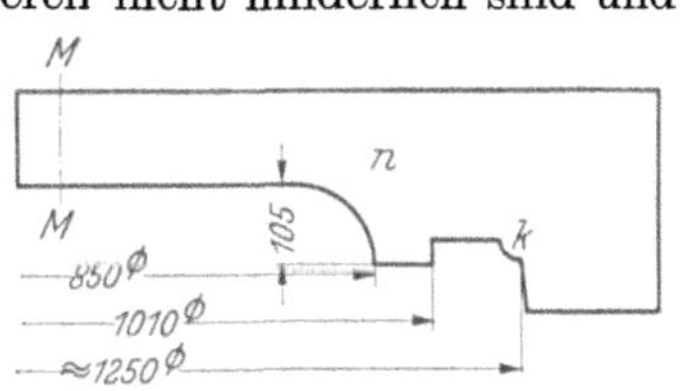

Abb. 133. Lehrenbrett n.

Nach Erledigung dieses Arbeitsvorganges wird der im Unterkasten h befindliche Ballen i mit dem Lehrenbrett n (Abb. 133) abgedreht, wobei der Umlauftrichter k

(Abb. 129 und 133) gleich mit anschabloniert wird. Nach dem Fertigmachen wird die Form entsprechend beschwert und ausgegossen, wie Abb. 129 zeigt.

Und nun im Gegensatz zu dieser Herstellungsweise die zweite Art des Vorgehens: Während man bei der Ausführung nach Abb. 129 einen Lehmkern verwendet, ist bei der Herstellung der Form nach Abb. 134 überhaupt kein Kern nötig. Die Form wird hier mit dem größten Flansch nach oben hergestellt und gegossen. Zur Herstellung dieser Form wird zunächst ein Lehrenbrett *r* nach Abb. 135 zum Ebnen des Kastenschlusses *1—1* benötigt. Nach dem Entfernen des Einsatzes *s* aus diesem Lehrenbrett wird dann der Flansch *b* (Abb. 134) aufschabloniert. Mit dem Lehrenbrett *t* nach Abb. 136 einschließlich Ansatz *u* wird die Rippenaußenkante *q* in dem Mittelkasten aus- bzw. anschabloniert. Nach dem Entfernen des Ansatzes *u* vom Lehrenbrett *t* wird mit diesem Lehrenbrett die Mantelfläche *2* nach Abb. 134 ausschabloniert. Das Lehrenbrett *o* nach Abb. 137 dient zum Ausschablonieren der Aufstampffläche *3—3* für den oberen Ballen und den Kastenschluß des Oberkastens und das Lehrenbrett *v* nach Abb. 138 zum Aufschablonieren des Ballens *4—4* im Unterkasten mit der Führung des Kastenschlusses *1—1*.

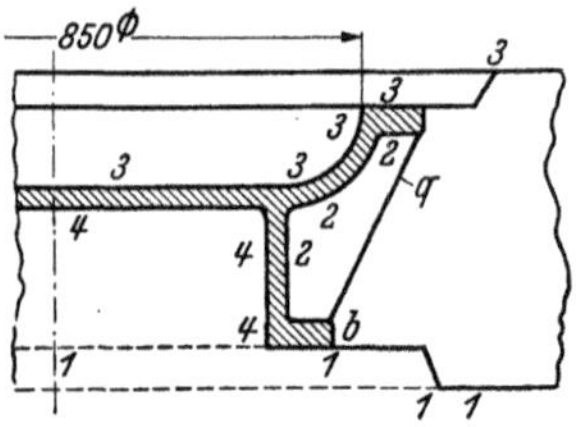

Abb. 134. Modellaufriß zu Abb. 127 (kleiner Flansch nach unten gegossen).

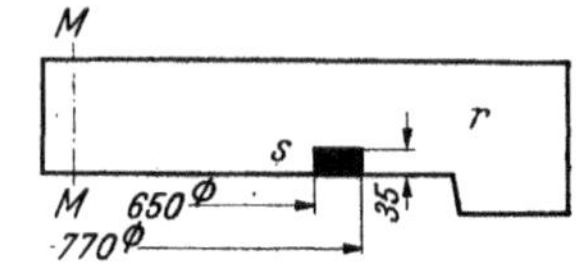

Abb. 135. Lehrenbrett *r*.

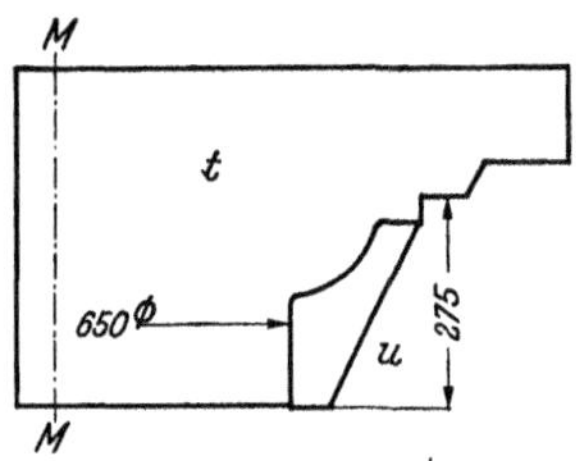

Abb. 136. Lehrenbrett *t*.

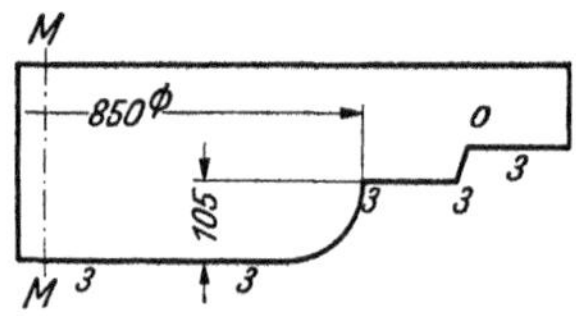

Abb. 137. Lehrenbrett *o*.

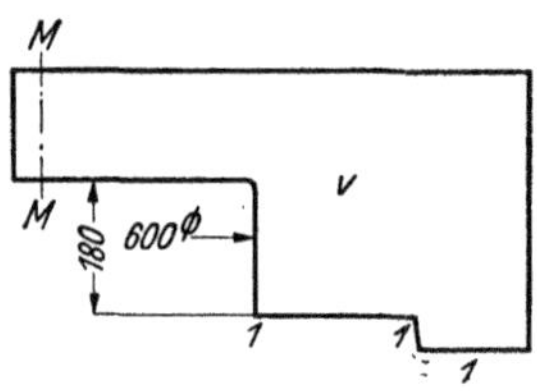

Abc. 138. Lehrenbrett *v*.

Nach diesen Ausführungen erscheint die Ausführung nach Abb. 134 vorteilhafter und billiger als die Herstellung der Form nach Abb. 129. Es liegt aber ganz bei der Gießerei, wie diese die Lehrenform aufbaut, denn die Gießerei gibt bei der Lehrenformerei immer den Ausschlag.

24. Haube mit Stutzen (Abb. 139···141). Bei Herstellung dieser Form gräbt man ungefähr 400···500 mm unter dem Koksbett *A* die Schabloniervorrichtung *g* mit Zementsockel *h* ein, füllt lockeren Sand auf und richtet das Koksbett *A* her, wobei ein Gasrohr *f* zum Abziehen der durch das Gießen entstehenden Gase anzuordnen ist. Auf diese Schüttung kommt Formsand bis zur Höhe des Gießereibodens, doch gibt man auch um die Spindel herum kleinkörnigen Koks. Ist der Gießereiboden erreicht, so wird ein Blechzylinder in Größe des äußeren Durchmessers der Haube um die Spindel gesetzt und bis zur Höhe des zylindrischen Teiles der Haube fest aufgestampft, wobei kleinkörniger Koks um die Spindel gelegt wird. Ist der Blechzylinder gut aufgestampft, wird er entfernt, die Mantelschablone *i* (Abb. 140) an der Spindel angebracht und Krümmung *a* sowie Flansch *b* aufschabloniert. An der Stelle, wo der Stutzen zu sitzen kommt, schlägt der Modellbauer einen kleinen Stift *c* ein, der spitz zugefeilt wird. Beim Drehen der Schablone um die Spindelachse wird durch diesen Stift die Stutzenmittellinie angerissen, also die Stelle, wo der Former das geteilte Stutzenmodell *m*

(Abb. 141) anzulegen hat. Ist nun die äußere Mantelform fertig abschabloniert, so streicht man sie an, am besten mit dickflüssigem Modellack oder man belegt sie mit Papier wie bei allen derartigen Lehrenarbeiten. Dann wird mit dem Aufbau der Formkästen begonnen, deren Anzahl sich nach der Höhe der Haube und den Abmessungen der verschiedenen Kästen richtet. In Abb. 139 sind drei Formkästen angenommen; die Teilstelle zwischen Kasten k_1 und k_2 soll möglichst mit der Stutzenmitte zusammenfallen; ist das nicht möglich, so muß der Former bis zur Stutzenmitte anschneiden. Formkasten k_3 dient als Abdeckkasten; d ist Steigtrichter, e Einguß. Die Zahl der Eingüsse richtet sich nach der Größe des Gußstückes.

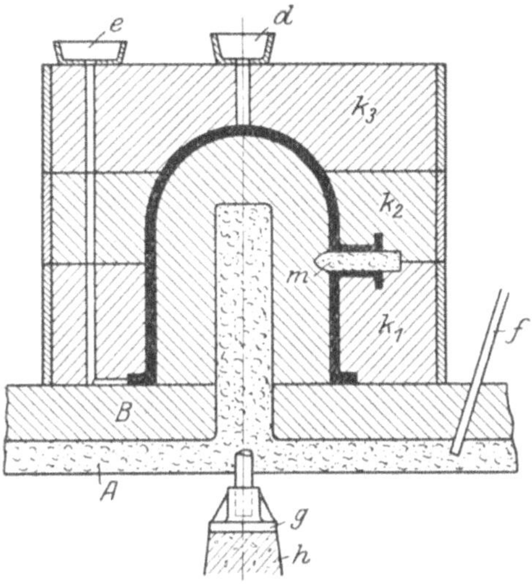

Abb. 139. Haube mit Stutzen (fertige Form).

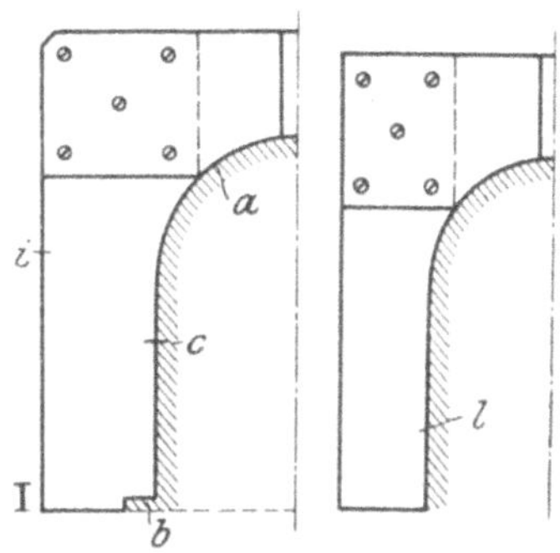

Abb. 140. Lehrenbretter i und l.

Nach dem Aufstampfen werden die Kästen k_3 und k_2 abgenommen, das angelegte Stutzenmodell entfernt und Unterkasten k_1 abgenommen. Der Modellack oder das Papier der äußeren Form wird entfernt und mittels Schablone l (Abb. 140) der Kern abgedreht, d. h. der Former schneidet die Wand- oder Eisenstärke von der äußeren Mantelform ab. Der so erhaltene Kern wird mit Luftstichen versehen, ausgebessert und, nachdem er mit Graphit und Holzkohle eingestäubt ist, wie die Mantelform sauber poliert.

Das Fertigmachen der Form geht so vor sich: zuerst wird die Spindel aus dem Kern herausgezogen, die entstandene Öffnung mit Koks aufgefüllt und das obere Ende mit Sand ausgestampft. Dann wird Unterkasten k_1, der durch eingeschlagene Holzpflöcke bereits seine genaue Stellung hat, aufgesetzt und der Stutzenkern m an den Mantelkern angelegt. Die Luft dieses Kerns wird durch den Mantelkern, also nach innen, abgeführt. Nachdem Mittelkasten k_2 und Oberkasten k_3 aufgesetzt sind, wird die Form von außen fertig gemacht, d. h. Eingußkasten e und Steigkasten d werden aufgesetzt und von außen geprüft, ob die Kästen gut und dicht schließen. Damit das einfließende Eisen die Formkästen nicht hebt, wird der obere Kasten durch Gewichte beschwert.

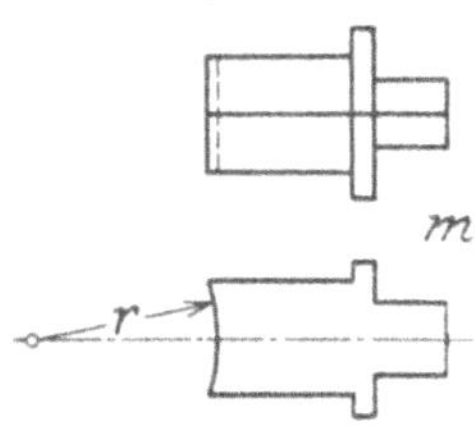

Abb. 141. Loses Stutzenmodell.

Bei dem zweiteiligen Stutzenmodell m (Abb. 141) ist Halbmesser r gleich dem halben äußeren Durchmesser der Haube. Durch die Teilung des Stutzens ist es dem Former leicht möglich, das Modell genau und gerade an den Mantel anzulegen.

25. Kesselstutzen (Abb. 142···146). Da dieses Gußstück zylindrisch, doch ungleich hoch ist und am unteren Ende einen Kesselflansch hat, ist das Ausschablonieren der Form mit etwas Schwierigkeiten verbunden.

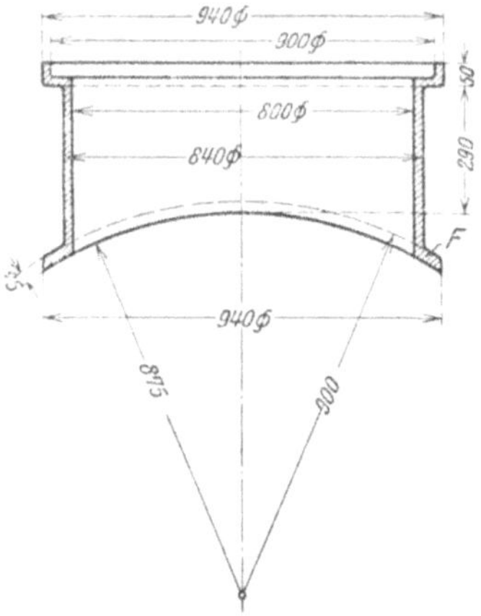

Abb. 142. Kesselstutzen.

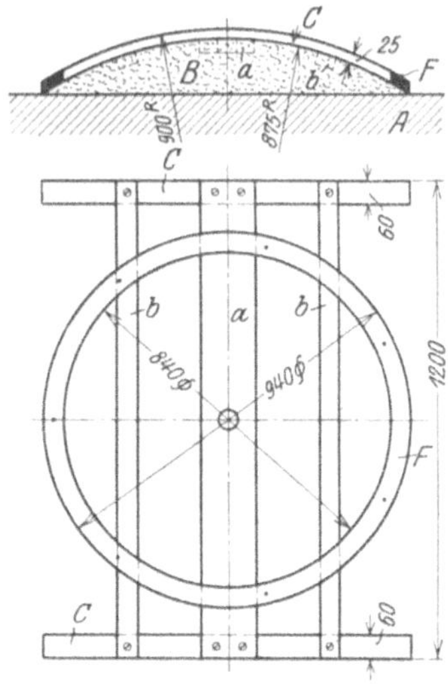

Abb. 143. Unterkasten mit Ballen und Flanschmodell.

Abb. 143 zeigt, wie der Ballen B auf den Unterkasten A aufgetragen wird; hierzu fertigt der Modellbauer einen Rahmen an, dessen Kopfstücke C durch die Leisten a und b miteinander verbunden sind. Die Stücke C haben unten eine gerade Auflagefläche und sind oben nach dem Halbmesser von 875 mm gekrümmt. Die Verbindungsstücke a und b werden von der Zylinderfläche aus in C eingelassen, geleimt und verschraubt. a hat in der Mitte ein Loch im Durchmesser der Spindelstärke, so daß sich der ganze Rahmen leicht über die Spindel setzen läßt. Ist der Rahmen auf den Unterkasten A aufgesetzt, so wird der Ballen B aufgestampft und Flansch F, der als Holzmodell herzustellen ist, auf diesen Ballen B aufgesteckt. Nun setzt der Former seinen Mantelkasten G (Abb. 144) auf, stampft ihn voll, schabloniert ihn für den Oberkastenballen D mit Schablone A bis an die Stelle H aus und schneidet den Zwischenraum H_1 fort. Dann setzt er den Oberkasten K auf und stampft ihn

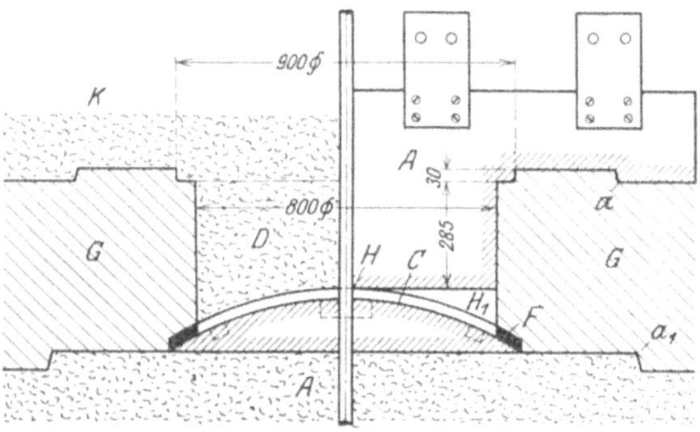

Abb. 144. Mantel- und Oberkasten.

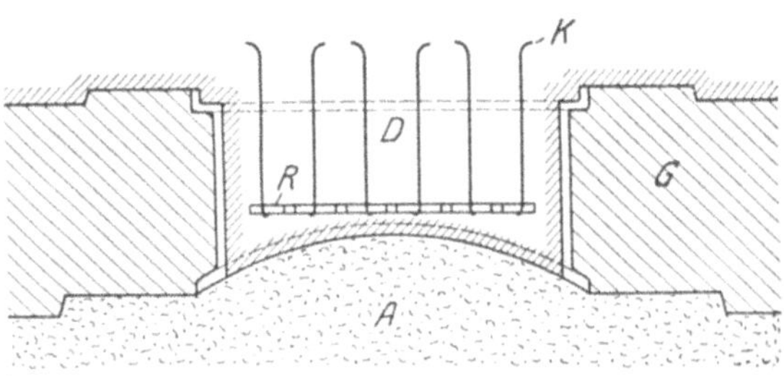

Abb. 145. Ballenanordnung.

gleichfalls voll. Als Führung dienen dabei die anschablonierten Zentrierungen a und a_1. Abb. 144 zeigt links den aufgestampften Oberkasten K, rechts den mit Schablone A ausschablonierten Mantelkasten. In den Ballen D des Oberkastens legt man beim Aufstampfen einen Rost R (Abb. 145) ein, um ihn fest am Oberkasten aufzuhängen.

Abb. 146 zeigt rechts, wie die Wandstärke mit Schablone L aus dem Mantelkasten G ausschabloniert wird, nachdem der Oberkasten K wieder abgenommen wurde. Der Former muß wieder bis an den Punkt H ausdrehen und die Wandstärke H_1 wieder ringsherum aus dem Mantelkasten ausschneiden.

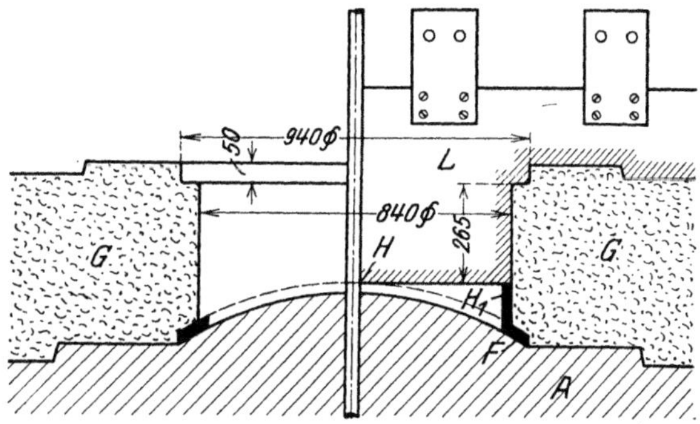

Abb. 146. Fertigschablonieren des Mantelkastens.

Links zeigt Abb. 146 den fertig aufschablonierten Mantelkasten G. Wenn der Mantelkasten G ausschabloniert ist, wird er abgehoben, Flansch F und Rahmen C (Abb. 143) mit Verbindungsstücken werden ausgehoben, die durch die Leisten a und b entstandenen Hohlräume werden mit Formsand ausgefüllt und die Form gießfertig gemacht.

Abb. 145 zeigt die Ballenanordnung.

26. Zwischenstück (Abb. 147···157). Abb. 148 zeigt die ausgegossene Form. Damit der schwere Ballen A_1 am Oberkasten einen festen Halt hat, ruht er auf

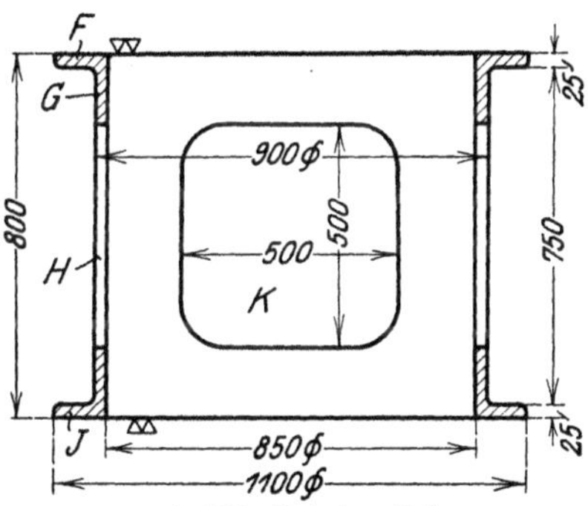

Abb. 147. Zwischenstück.

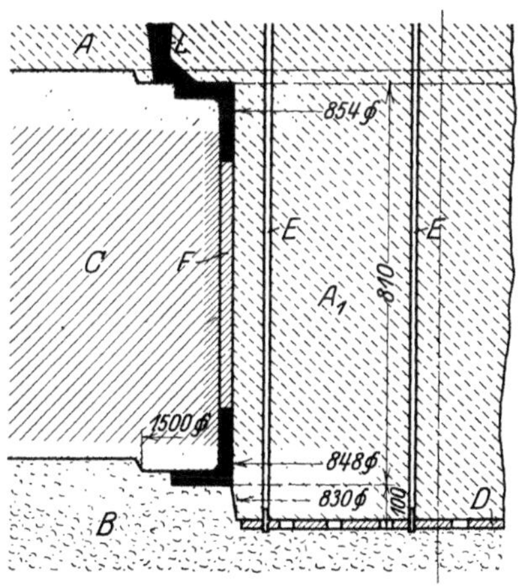

Abb. 148. Ausgegossene Form.

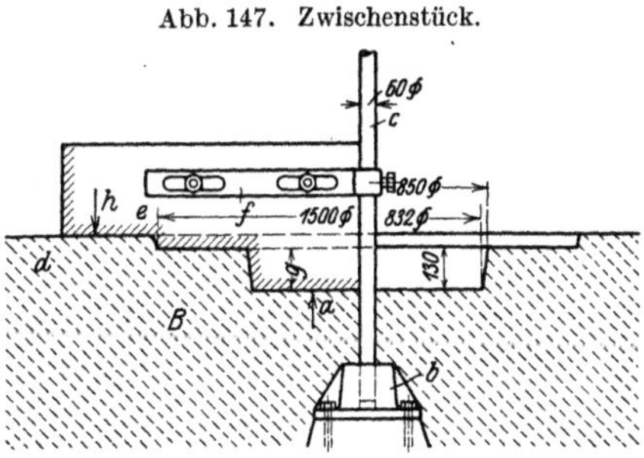

Abb. 149. Ausschablonieren des Unterkastens.

einem Rost D, der durch mehrere Verbindungsschrauben E am Oberkasten A gehalten ist. F sind die mittels Schablone im Mantelkasten aufgestampften Platten für die Fenster H.

Um die Form herzustellen, baut der Former erst den Spindelfuß b (Abb. 149) mit Spindel c ein und schabloniert die Zentrierung f von 1500 mm Durchmesser für den Mantelkasten und die Ballenführung *g*. Danach wird die Kastenfuge zwischen Unter- und Mantelkasten mit Trennsand bedeckt, der Mantelkasten *C* aufgesetzt und aufgestampft (Abb. 148), wobei der innere Raum durch einen Blechzylinder von rund 800 mm Durchmesser freigehalten wird. Nachdem der Mantelkasten rings um den Blechzylinder aufgestampft ist, wird letzterer herausgenommen und mit Schablone *i* (Abb. 150) das falsche Bett zum Aufstampfen des Ballens A_1 (Abb. 151) ausschabloniert und mit dem an *i* befestigten Brett *k* zugleich auch der Sitz für den Oberkasten *A*. Es ist besonders darauf zu achten, daß alle Schablonenbretter genau winklig zur Spindel am Arm befestigt werden.

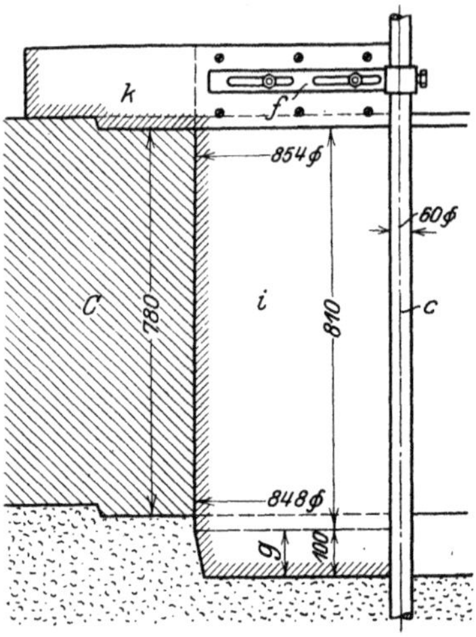

Abb. 150. Ausschablonieren für den Oberkasten.

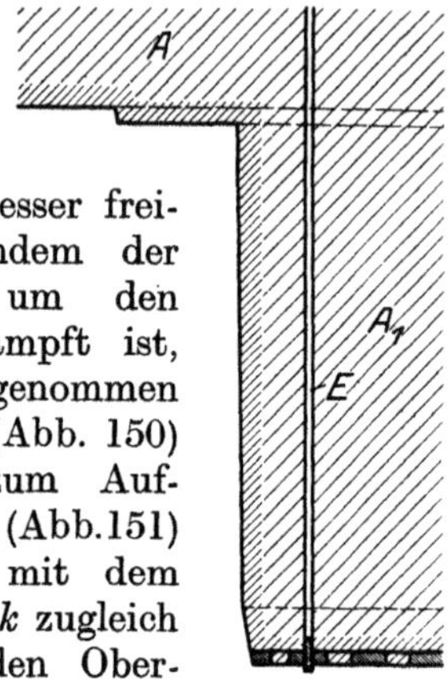

Abb. 151. Oberkasten mit anhängendem Ballen.

Der Mantelkasten *C* wird etwas verjüngt ausschabloniert (Abb. 152), um den Ballen A_1 leichter ausheben zu können. Abb. 153 zeigt die aus dem Mantelkasten *C* auszuschablonierende Wandstärke *G* von 25 mm. Hierzu benutzt der Former wieder die Schablone *i* (Abb. 150) und setzt Leisten in Dicke der Eisenstärke auf diese Schablone auf (Abb. 154). Ist die Wand und Flan-

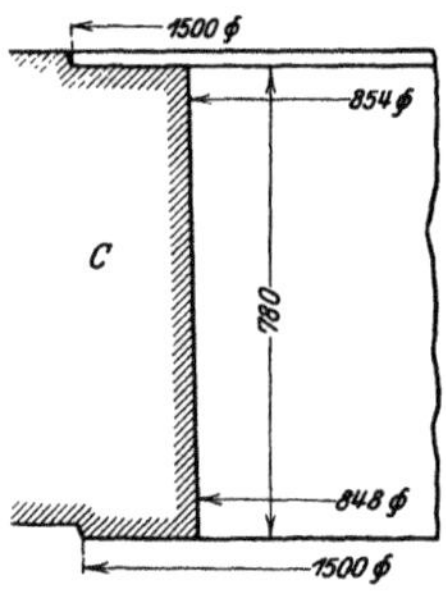

Abb. 152. Mantelkasten.

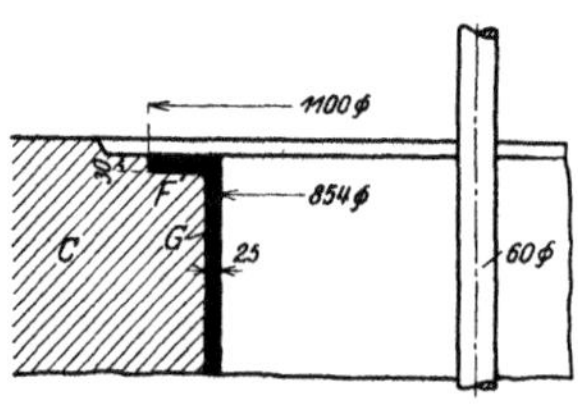

Abb. 153. Ausschablonieren der Eisenstärke.

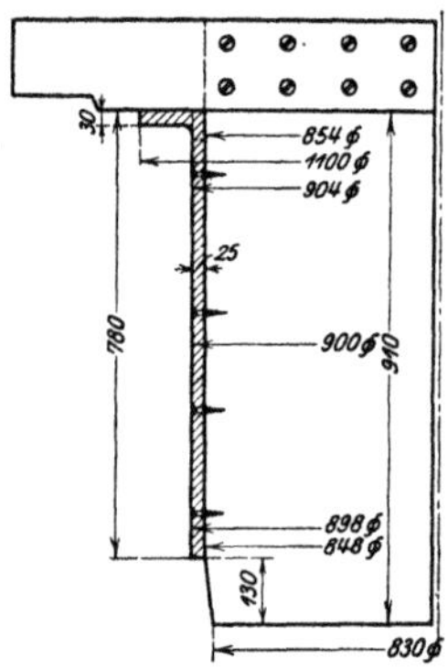

Abb. 154. Lehrenbrett zu Abb. 153.

schenstärke ausschabloniert, wird der Mantelkasten vom Unterkasten abgehoben, Schablone Abb. 155 an der Spindel befestigt und aus dem Unterkasten *B* die

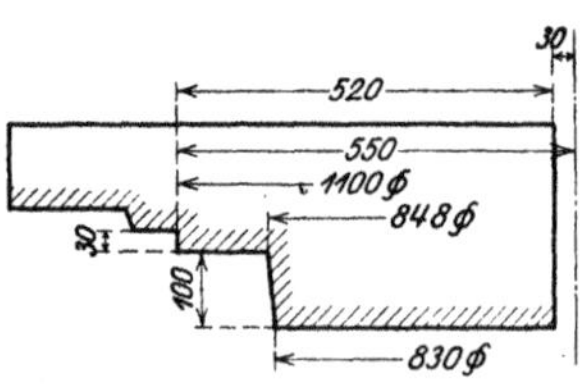

Abb. 155. Lehrenbrett zum Herd *B* Abb. 148.

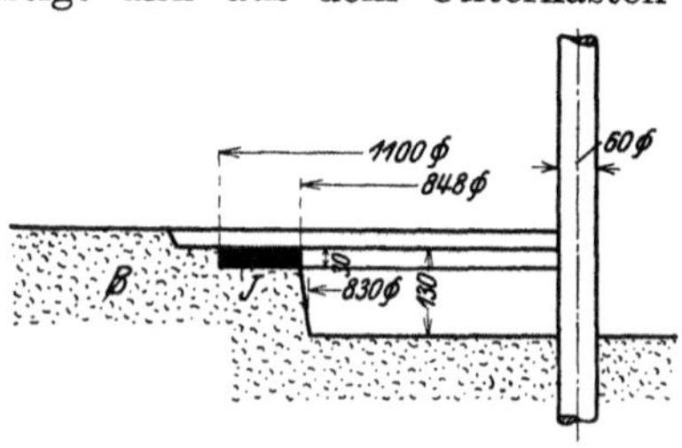

Abb. 156. Ausschablonieren des Herdes.

Flanschenstärke J (Abb. 156) ausgedreht. Abb. 157 zeigt schließlich noch den in Holz vom Modellbauer angefertigten Rahmen zum Aufstampfen der Platten F (Abb. 148) für die Fenster H (Abb. 147), die in der Form beigestrichen und mit Formstiften befestigt werden.

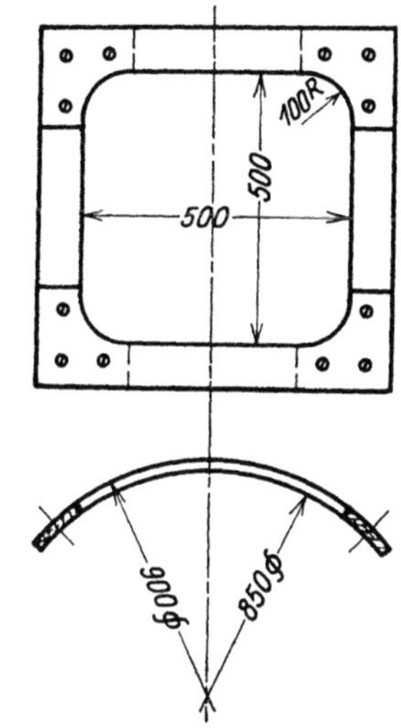

Abb. 157. Modellrahmen.

C. Schablonieren in Lehm.

27. Rohr mit Stutzen (Abb. 158···163). Es handelt sich hier eigentlich um Modellformerei in Sand, jedoch wird das Modell in seinem Hauptteil nicht aus Holz hergestellt, sondern aus Lehm schabloniert.

Abb. 158 zeigt das Lehmmodell. Der Hauptkörper A ist zylindrisch und kann auf der Kerndrehbank hergestellt werden. Das geht wie folgt vor sich: zuerst wird der eigentliche Kern im Durchmesser von 400 mm aufgedreht. Der Kernmacher nimmt dazu ein kräftiges durchlöchertes Gasrohr, um die Luft aus dem Kern abführen zu können, und dreht um dieses Rohr bis auf eine Stärke von etwa 300 mm Strohseil; alsdann wird Lehm aufgetragen und der Kern auf 400 mm Durchmesser fertig gedreht, geschwärzt und getrocknet.

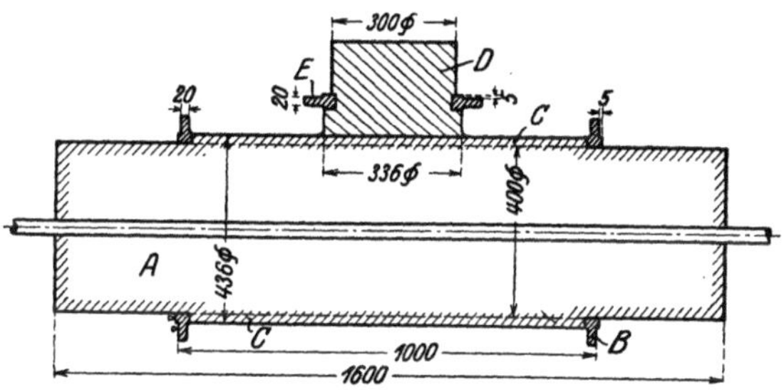

Abb. 158. Lehmmodell zu einem Rohr mit Stutzen.

Alsdann wird mit einer Schablone nach Abb. 159 die Wandstärke von 18 mm auf

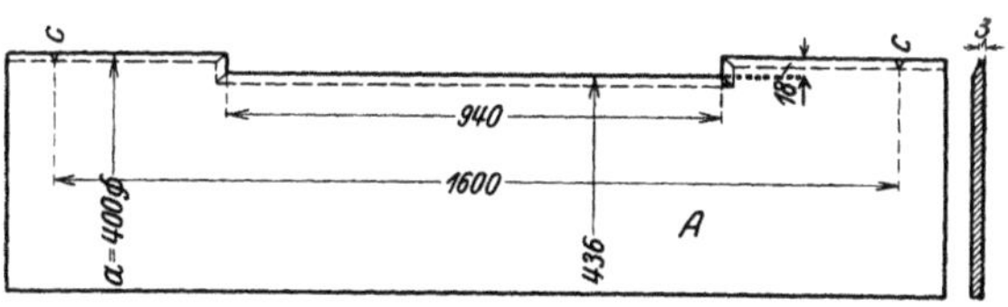

Abb. 159. Kernbrett.

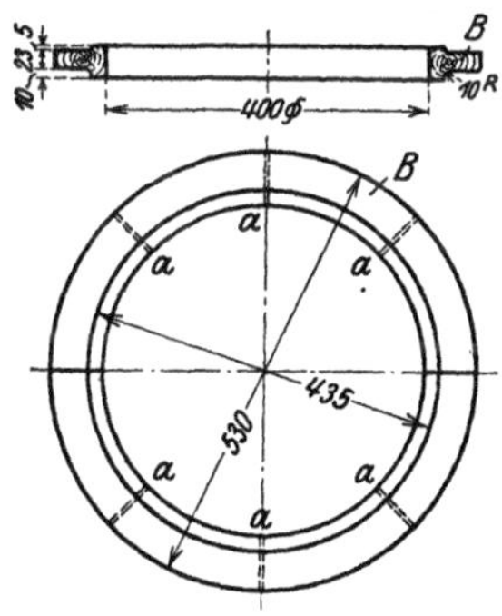

Abb. 160. Modellteil (Flanschen B).

den Kern von 400 mm Durchmesser aufgetragen, so daß der zylindrische Mantel einen Durchmesser von 436 mm hat. Zu diesem Lehmmodell hat der Modellbauer weiter anzufertigen: vier halbe Flanschen B (Abb. 160), einen Stutzen D mit Flansch E (Abb. 161), eine Kerndrehschablone e (Abb. 162) und einen Kasten zum Ausziehen des Stutzenkernes (Abb. 163).

Schablone A (Abb. 159) ist ein glattes, bei b abgeschrägtes Brett mit einer Aussparung von 18 mm gleich der Wandstärke. Die vier halben Flanschen B (Abb. 160) werden, wenn es sich nur um einen Abguß handelt, aus zwei vollen Holzscheiben gedreht; wird das Lehmmodell jedoch für mehrere Abgüsse verwendet, so empfiehlt es sich, jeden Flansch aus drei Ringen zu je sechs Segmenten zu verleimen. Es werden zwei Ringe gedreht und jeder Ring durchgeschnitten, da man die halben Ringe nach dem Oberkasten zu nur ansteckt, wobei mit *a* die Löcher zum Befestigen der Ringe am Lehmmodell bezeichnet sind. Abb. 161 gibt bei I zwei Ansichten, bei II einen Schnitt durch den Stutzen *D*, der aus Holz angefertigt wird. Flansch *E* wird zweiteilig ausgeführt und in *D* eingedreht, damit die Hälfte beim Abheben des Oberkastens mit hochgeht. *D* wird vom Modellbauer genau nach Maß auf den zylindrischen Mantel aufgesetzt und durch die Löcher *a* befestigt.

Mit der Schablone *e* (Abb. 162) wird der Kern für den Stutzen *D* gedreht. *e* hat am unteren Ende des Schaftes *f* einen Stift *i*. Der Kernmacher nimmt ein glattes Brett, setzt den Stift in das Brett ein und dreht den Kern so auf. Dieser Stutzenkern muß nun an einem Ende nach dem Halbmesser von 200 mm ausgerundet sein. Hierfür fertigt der Modellbauer einen Kasten nach Abb. 163 an, den der Kernmacher über den Kern setzt und der Kante *a* entlang abstreicht.

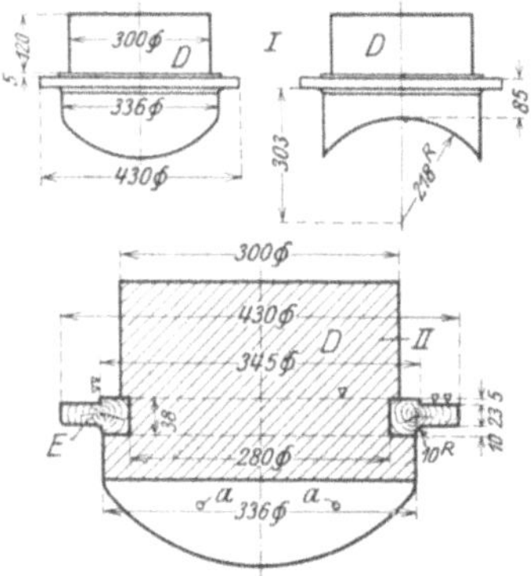

Abb. 161. Loser Modellteil (Stutzen mit Flansch).

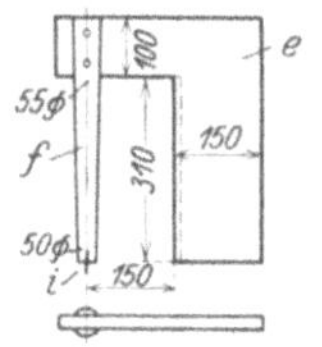

Abb. 162. Lehrenbrett zum Stutzenkern.

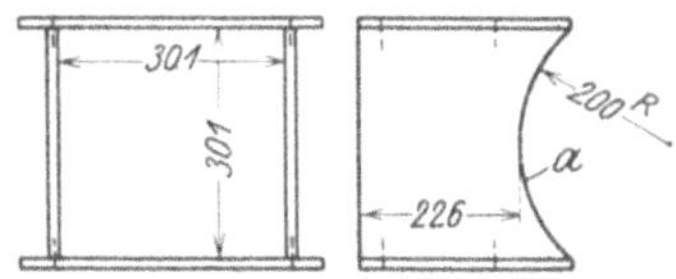

Abb. 163. Abstreichkasten zum Stutzenkern.

Sobald die Gußform hergestellt ist, werden sämtliche Holzteile von dem Lehmmodell abgenommen, die aufgedrehte Wandstärke am Lehmzylinder wird losgeklopft und der Zylinder von 400 mm Durchmesser nochmals geschwärzt, so daß er dem Former als Kern zur Verfügung steht.

Wir sehen an diesem Beispiel, daß zum Aufbau des Modells der Kern selbst die Unterlage bildet, und daß bei Lehmmodellen große Ersparnisse an Modellbauerlöhnen und Holz möglich sind.

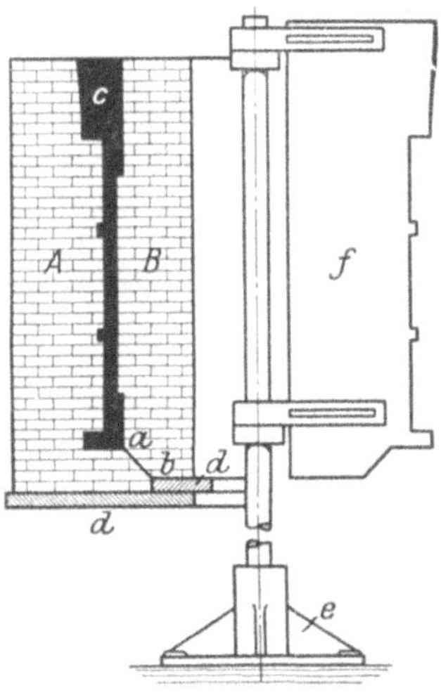

Abb. 164. In Lehm hergestellte Zylinderform.

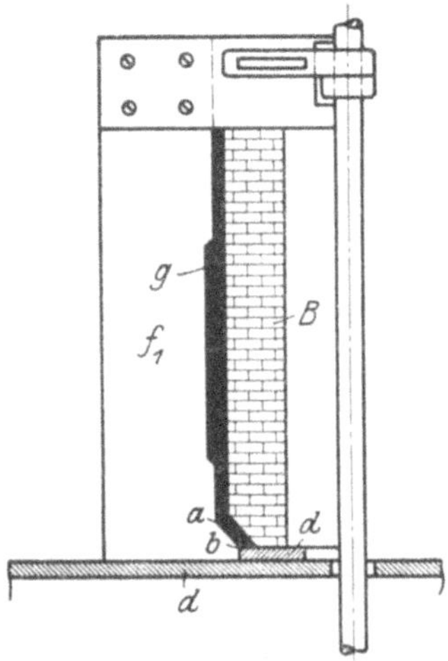

Abb. 165. Herstellen des Mantelkernes.

28. Zylinder (Abb. 164 und 165). Große, besonders hohe Formen werden meistens in Lehm hergestellt, weil dieses Verfahren der vielseitigen Anwendung fähig ist. Die Schablonenformerei in Sand wird im allgemeinen auf Stücke beschränkt, die unmittelbar im Boden schabloniert werden oder nur geringe Höhe aufweisen, während man in Lehm bis auf 3···4 m Höhe gehen kann. Auch bei der Lehmformerei spielt die Schablonenspindel eine Hauptrolle.

Abb. 164 zeigt eine in Lehm hergestellte Zylinderform. Der äußere Mantel A wird auf einer Gußplatte d aufgemauert, und zwar so, daß beim Ausdrehen mit der Schablone f die innere Wand des Mantels noch mit einer glatten Lehmschicht von 20···25 mm aufgefüllt werden muß. Die Schräge a—b dient als Zentrierung, um dem Kern B beim Einsetzen eine genaue Führung zu geben.

Abb. 165 zeigt die Herstellung des Kernes B, der auch auf einer Gußplatte d aufgemauert, mit einer Lehmschicht g versehen und mit Schablone f_1 abgedreht wird. Dabei muß die Schräge a—b der gleichen Schräge in Abb. 164 entsprechen. Zur Herstellung dieser Form hat der Modellbauer nur die zwei Schablonenbretter f und f_1 anzufertigen, während die Kosten für ein Zylindermodell immerhin recht beträchtlich wären. Der angegossene „verlorene Kopf" c dient als Trichter, damit genügend Eisen nachlaufen kann, der Abguß also nicht porös wird. Mantelform A kann ohne Teilung hergestellt werden, weil der größte Durchmesser des Kernes B sich glatt von oben einsetzen läßt. Das wäre nicht möglich, wenn der Kern in seinem Durchmesser größer wäre als die Kerneinführungsstelle am Mantel A; in diesem Falle müßte die äußere Mantelform in der Längsrichtung geteilt werden (s. Heft 14, Abb. 21).

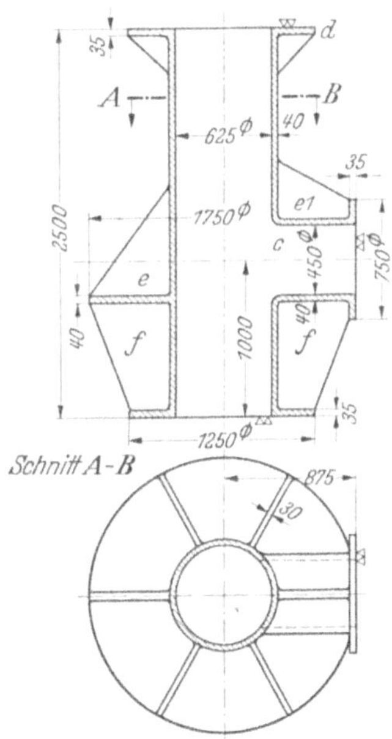

Abb. 166. Ungewöhnliches Formstück.

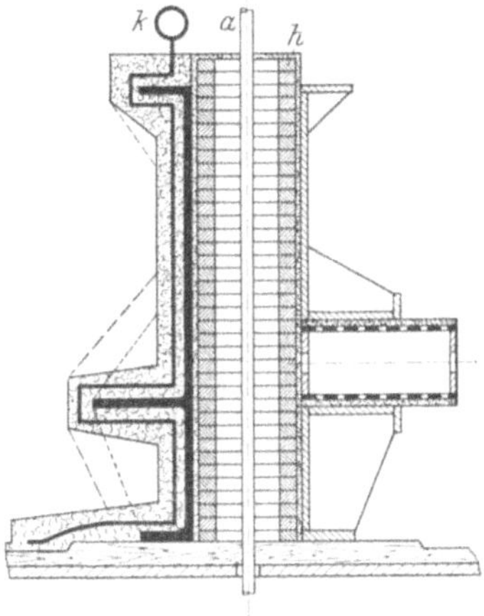

Abb. 167. Herstellung der Lehmform im Abwicklungsverfahren.

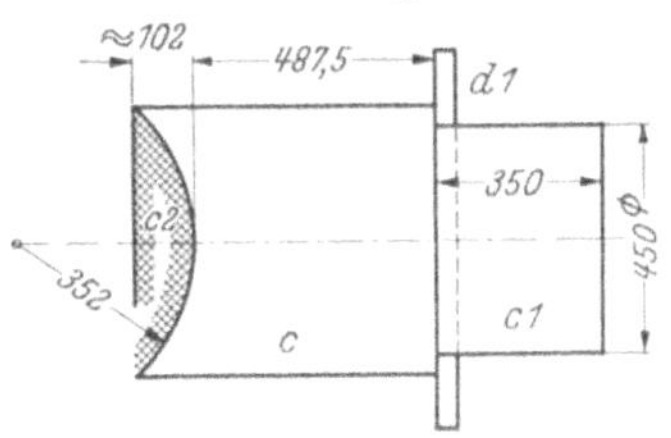

Abb. 168. Stutzenmodell mit Kernmarke c_1.

29. Ungewöhnliches Formstück (Abb. 166···179). Beim Herstellen der Form zu diesem Gußstück kann man das „Abwicklungsverfahren" nach Abb. 167 anwenden, oder aber man wählt die aufgemauerte Lehmform (Abb. 179). Bei beiden Ausführungsarten kann man die gleichen Modellteile verwenden. Ein „verlorener Kopf" ist wegen der gleichmäßigen, verhältnismäßig geringen Wandstärke entbehrlich. Zur Herstellung jeder der beiden Ausführungsarten werden benötigt: ein Stutzenmodell c mit Kernmarke c_1 nach Abb. 168, zwei halbe Flanschmodelle d mit je drei Rippen, ein zweiteiliges Flanschmodell e mit fünf Rippen und ein Rippenmodell e_1 nach Abb. 169, zwei halbe Flanschmodelle f mit je drei Rippen nach Abb. 170 und ein Lehrenbrett g nach Abb. 171.

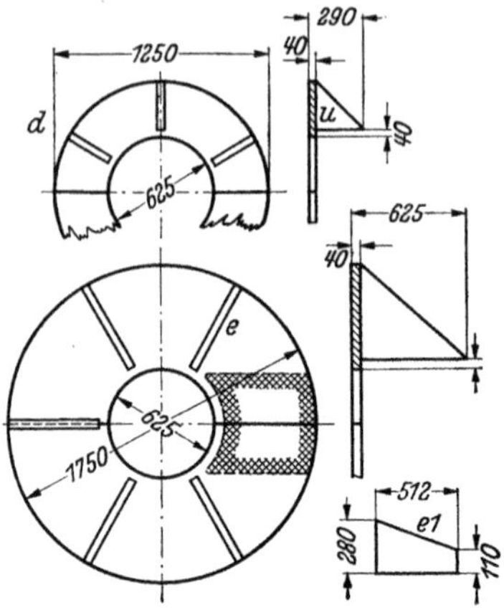

Abb. 169. Flanschmodelle d und e, Rippenmodell e_1.

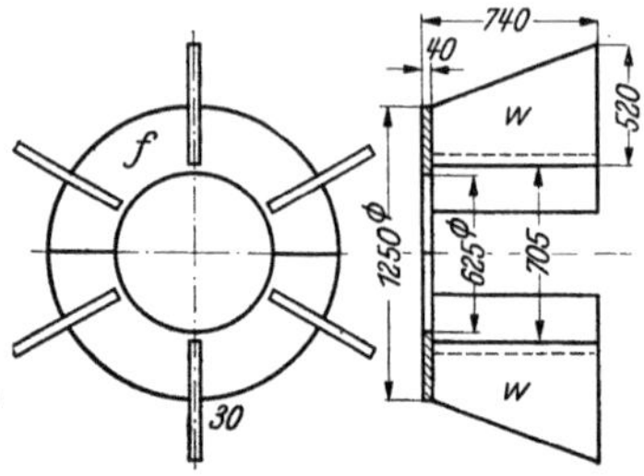

Abb. 170. Flanschmodell f.

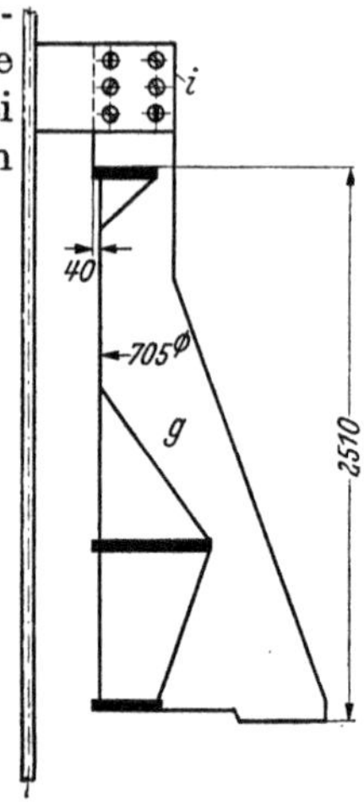

Abb. 171. Lehrenbrett g.

In Anbetracht der Größe des Stutzens c nach Abb. 168 wird man dafür kein Holzmodell anfertigen, da es nur unnötig die Gestehungskosten des Gußstückes erhöhen würde. Man fertigt auch dieses Modell aus Lehm an und benötigt dazu nur ein zweiteiliges Flanschmodell d_1 nach Abb. 172 und ein Lehrenbrett d_2 nach Abb. 173. Der schraffierte Teil c_2 am Stutzenmodell muß dann beim Anpassen ausgearbeitet werden. Bei der Herstellung der aufgemauerten Lehmform werden noch eine eiserne Platte nach Abb. 174 und die Lehrenbretter nach den Abb. 175, 176 und 177 benötigt.

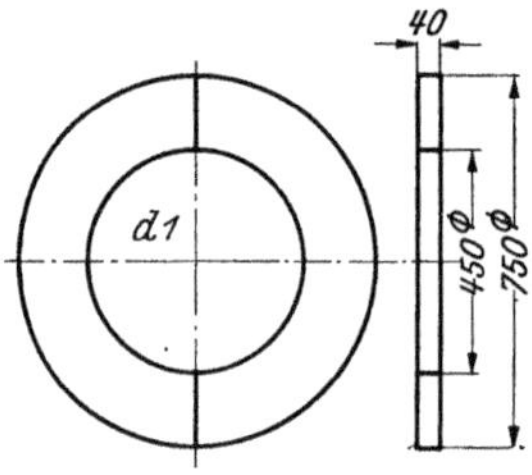

Abb. 172. Flanschmodell.

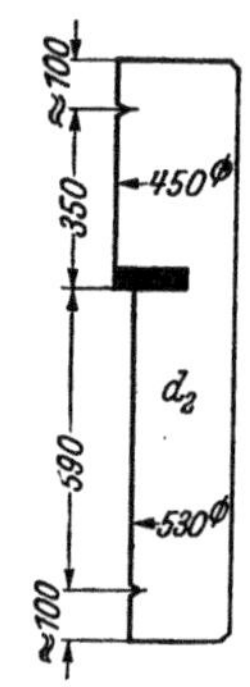

Abb. 173. Lehrenbrett d_2.

a) Das Abmantelungsverfahren nach Abb. 167 geht nun wie folgt vor sich: Der Former gibt der Spindel a außer der unteren Führung in einer entsprechend großen und zweckmäßig hergerichteten eisernen Platte möglichst auch oben eine Führung (vielleicht an einem sogenannten Galgen). Dann wird der Kern h auf etwa 2750 mm Höhe im Durchmesser von etwa 600 mm aufgemauert, auf den äußeren Durchmesser eine Lehmschicht aufgetragen und mit einem geraden Lehrenbrett der äußere Kerndurchmesser von 625 mm aufschabloniert. Nunmehr wird der Kern

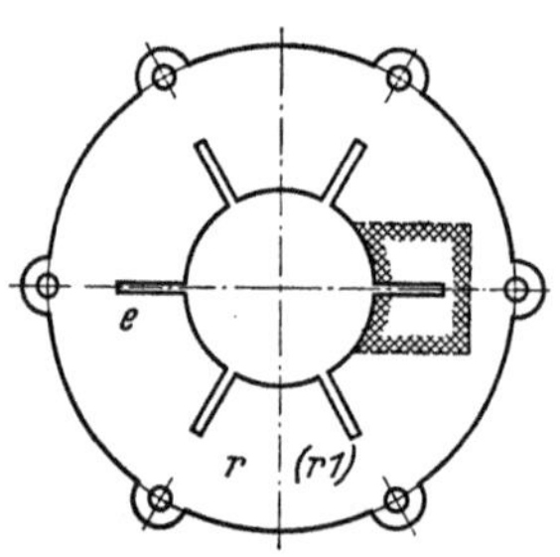

Abb. 174. Eiserne Platte r (r_1).

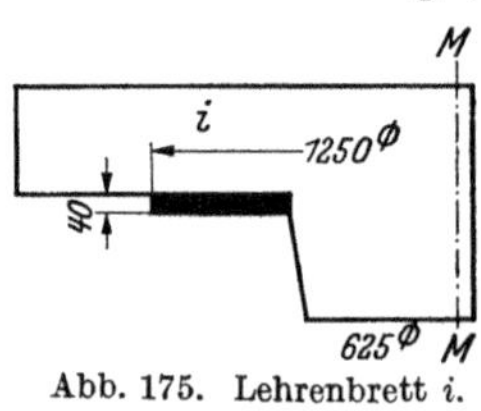

Abb. 175. Lehrenbrett i.

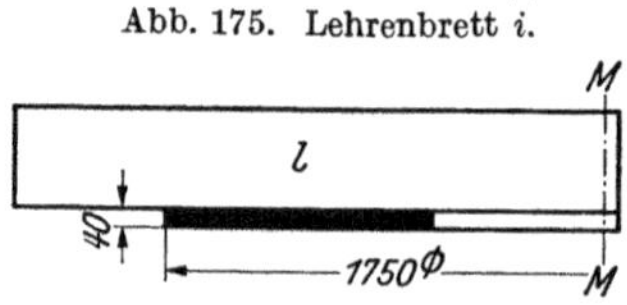

Abb. 176. Lehrenbrett l.

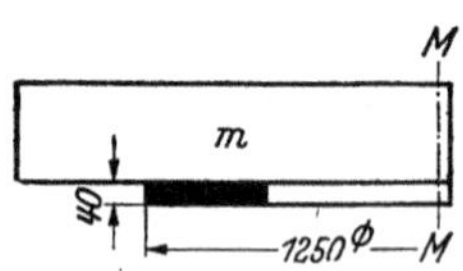

Abb. 177. Lehrenbrett m.

getrocknet und geschwärzt, die Eisenstärke von 40 mm auf den Kern *h* aufgetragen und mit dem Lehrenbrett *g* (Abb. 171) auf Maß gebracht. Die Flanschmodelle *d* und *e* (Abb. 169) sowie *f* (Abb. 170) sind auf dem Lehrenbrett schwarz angezeichnet, und an diesen Stellen bleibt, wie am Lehrenbrett auch ersichtlich, die Lehmschicht von 40 mm nicht bestehen; sie wird hier durch das Schablonieren entfernt, und es entstehen Nuten, die zum Einsetzen der genannten Flanschen mit ihren Rippen dienen. Das Lehrenbrett *g* muß unbedingt starr an der Spindel befestigt werden, d. h. das obere Querbrett *i* darf nicht zu schmal sein. Ist nun die Eisenstärke auf den Kern *h* (Abb. 167) aufschabloniert, so werden die Flanschmodelle nach Abb. 169 und 170 an dem Lehmkörper befestigt und der Modellstutzen *c* (Abb. 168) wird ebenfalls angebracht, und zwar auf das genaue Maß von Mitte Gußstück bis außen Flansch im Betrage von 875 + 5 mm Bearbeitungszugabe = 880 mm. Der Lehmformer wird hierbei an der Stelle, wo der Stutzen zu sitzen kommt, eine kräftige Schraube anbringen, um damit den Lehmstutzen einwandfrei am Lehmmodellkörper befestigen zu können. Man hat dabei den Vorteil, daß man dann mit derselben Schraube später den Stutzenkern befestigen kann, wie Abb. 179 zeigt.

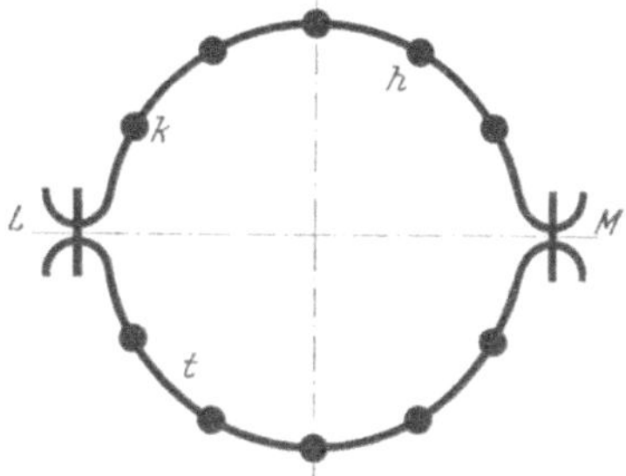

Abb. 178. Kerneisen.

Nunmehr wird auf das fertige Lehmmodell etwa 40···50 mm Lehm aufgetragen und dann eine Reihe starker Kerneisen *k* (Abb. 167 und 178) eingesetzt. Diese Kerneisen sind am oberen Ende mit Ösen versehen, passen sich genau dem äußeren Profil derLehmform an und werden, wie Abb. 178 zeigt, wieder durch eine Reihe kräftiger Quereisen *t* verbunden. Alsdann wird diese Ummantelung nochmals durch eine starke Lehmschicht gesichert. An den Stellen, wo die Rippen sitzen, also wie in Abb. 167 links punktiert und rechts gezeichnet, und an der Stelle, wo der Stutzen sitzt, müssen die Lehmschichten entsprechend herumgebaut werden. Nachdem die so hergestellte äußere Ummantelung getrocknet und in der Richtung *L*—*M* (Abb. 178) mit einem Lehmmesser getrennt ist, werden die beiden äußeren Mäntel seitlich abgehoben. Nun wird die Eisenstärke vom Kern entfernt, der Kern selbst wieder ausgebessert, nochmals geschwärzt und dann der Stutzenkern an diesem Hauptkern befestigt.

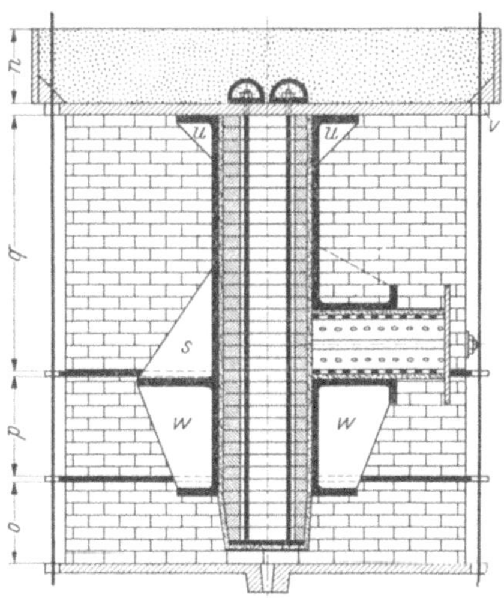

Abb. 179. Aufgemauerte Lehmform.

Die Teilung dieser Lehmform muß durch die Mitte des angebauten Stutzens gehen, dementsprechend müssen also die Rippen an den Modellringen nach Abb. 169 und 170 so befestigt sein, daß der Former sie mit der äußeren Ummantelung abziehen und nachher einzeln, wie die halben Ringe, aus dem Lehmmantel herausziehen kann. Der geteilte Mantel wird nun durch Quereisen, welche mit Ösen versehen sind (wie Abb. 178), verbunden und die ganze Lehmform in einer Gießgrube eingestampft; dabei werden auch die Gießvorrichtungen angebracht.

b) Etwas umständlicher, aber im allgemeinen üblich, ist die Herstellung einer gemauerten Lehmform nach Abb. 179. Hierbei werden Kern und Mantel unabhängig voneinander hergestellt. Dieser Arbeitsgang geht wie folgt vor sich: Man baut den inneren Kern auf einer eisernen Platte auf und schabloniert ihn außen auf den Durchmesser von 625 mm ab. Die untere Kernführung wird gut kegelig hergestellt, damit sich der Kern beim Einsetzen in die Form gut einführen läßt. Die oberen Ösen dienen zum Anhängen des Kernes beim Befördern und Einsetzen in die Form. Der Abschlußkasten *n* nimmt die Einguß- und Steigetrichter auf. Bei der Herstellung dieser Form kann man auch die Flanschmodelle nach Abb. 169 und 170 fehlen lassen und liefert nur die Rippenmodelle mit an die Gießerei. Der Aufbau des äußeren Mantels geht so vor sich: Aufbau des Teiles *o*, Einschablonieren der kegeligen Kernführung und Ausdrehen des unteren Flanschringes mit dem Lehrenbrett *i* (Abb. 175). Dann Auflegen der eisernen Platte *r* nach Abb. 174 und Einsetzen der Rippen *e*, wobei die sechs Rippen um die Flanschendicke (35 mm + 5 mm Bearbeitungszugabe = 40 mm) länger sein müssen. Dann wird der Teil *p* aufgebaut und aus diesem mit dem Lehrenbrett *l* (Abb. 176) der Flansch von 1750 mm Durchmesser ausgedreht. Nun wird eine eiserne Platte r_1 nach Abb. 174, jedoch nur mit fünf Schlitzen *e* und einer Aussparung für den Stutzen (wie schraffiert gezeichnet) aufgelegt, das Stutzenmodell und das Rippenmodell *s* (Abb. 179) angesetzt. An der Stelle, an welcher der Stutzen sitzt, muß seitlich eine Öffnung zum Befestigen des Stutzenkerns angebracht werden. Nachdem der Teil *q* aufgebaut ist, wird mit dem Lehrenbrett *m* (Abb. 177) der obere Flansch ausgedreht, und die sechs Modellrippen *u* werden in die Form eingeschnitten. Nunmehr werden die drei aufeinandersitzenden Teile *o*, *p* und *q* mit einem geraden Lehrenbrett auf 705 mm inneren Durchmesser ausschabloniert, dann abgehoben und die Modellteile herausgenommen. Hierauf wird die Form geschwärzt und gießfertig gemacht, d. h. wieder zusammengesetzt, verschraubt und in die Gießgrube eingestampft. Auf die eiserne Abdeckplatte *v* (Abb. 179), welche mit Öffnungen für die Einguß- und Steigtrichter versehen ist, wird der Abschlußkasten *n* aufgesetzt, in dem die Eingüsse und Steigetrichter eingeschnitten werden.

GPSR Compliance

The European Union's (EU) General Product Safety Regulation (GPSR) is a set of rules that requires consumer products to be safe and our obligations to ensure this.

If you have any concerns about our products, you can contact us on ProductSafety@springernature.com

In case Publisher is established outside the EU, the EU authorized representative is:

Springer Nature Customer Service Center GmbH
Europaplatz 3
69115 Heidelberg, Germany

Batch number: 10682323

Printed by Printforce, the Netherlands